你的努力，
要配得上你的野心

李尚龙

著

 北京联合出版公司
Beijing United Publishing Co.,Ltd.

我们可以被磨平棱角，

但是不能变成自己曾经不喜欢的模样，

更不能忘记曾经想让自己变好一点的梦想。

生活是自己的，奋斗也不是为了别人，

拼搏是每天必做的事情，

只有每天进步才是最稳定的生活。

寂寞，是最好的增值期。

耐得住寂寞，自然，也就能在今后享受得起繁华。

愿我们都能耐得住寂寞，用好增值期，成为更好的自己。

这个时代，要么你选择成为一个偏执狂，

用生命去努力，要么就压根别努力。

当你有了野心，别着急爆发出来让世人知晓，

默默地埋在心里，用每天的努力来为它灌溉，

让野心发芽、结果，成为生命的一部分。

在没人看到你的时候，你更要默默发光。

一个人平静地努力，刻意地训练，低调地前行，

去创造出一个更好的自己。

自　序

你好。

2018 年年初，我在东京见到一位作家前辈。

他今年六十多岁，每次看手机都得戴上老花镜。我们喝了一瓶清酒，聊得很开心。酒过三巡，他问我："尚龙，你平均多久出一部作品？"

我想了想，说："从 2015 年起，基本上是一年一部。他们都说我高产，搞得我都不好意思写了。"

他笑了笑，说了一句让我印象深刻的话，他说："你别管别人怎么说，趁着你还愿意写，趁着你的眼睛还能看得清，就多写一些吧。"

说完，他摘掉了眼镜，冲着我笑了笑，继续说："年轻真好，我已经快看不清电脑了。"

那时，我从他的眼睛里看到了一丝泪光，我忽然明白，我也会老，会写不动，会没话可写，会看不清、听不见，甚至会老年痴呆。但好在，此时此刻，我正值年轻。

我想，正在读这本书的你，也正是你最年轻的时候，无论你的年纪有多大，今天都是你最年轻的一天。

我们谁也抵挡不住时间的流逝，但我们能选择不后悔地度过当下。

那么，让我也学习那位前辈的口吻跟你说一句：**别管别人怎么说，趁着你还年轻，去做自己喜欢的事；趁着你的心脏还在跳动，去追求自己想要的生活吧。**

如果你愿意听进去，这句话将会在时间的积淀下给你的生活带来巨大改变；但如果你不愿意听进去，它不过是无用的鸡汤。

但我想告诉你，既然年轻，就永远不要失去希望，不要满嘴不屑地用"鸡汤"理解这个世界，永远要相信，人是可以改变的。

二十岁的时候，我刚来北京，被生活折磨得死去活来。我暗自发誓：等我能获得自由，我一定会追求自己喜欢的生活，不浪费一分一秒。为梦想的生活努力，让我配得上那样的日子。

逐渐，我开始明白一个特别简单的道理，**人这一辈子，要么按照自己的想法去活，要么按照自己的活法去想。**但前者需要的努力更多，遇到的挫折也更多，实现起来也更难，可怕的是，大多数的人最后都活成了和别人一模一样的刻板生活，忘记了自己曾经想要的生活的模样。在科技越来越发达的今天，可怕的不是人工智能像人，而是人越活越像人工智能。

人们活得越来越像，是因为人们按照自己的想法去活本身就更难。

真的，很难。

我记得刚当老师时，每天备课、上课。有一天，上完十个小时课后，我蹲在中关村的便利店门口，拿着一碗泡面，寒冷的冬天却有着明亮的月光。我一口一口地吃完那碗泡面——那天的第一顿饭。我看着漫天的繁星，告诉自己，**现在吃的苦，就是为了以后不让自己最爱的人吃同样的苦。**

我记得在健身房跑步时，膝盖受了伤，从跑步机滑到地上的场景。那疼痛钻心，我却没敢叫出来，一瘸一拐地走到更衣室，低头一看，膝盖上的血流到了袜子上。我用干净的衣服紧紧地包扎起来。回家的路很漫长，我告诉自己，**总有一天，我会买一台属于自己的跑步机。**

记得在西土城的地铁口，我的钱包被偷，我看着偌大的北京城，忽然丢了魂，没有钱，寸步难行。我蹲在地上着急到汗流浃背。那一晚，我从西土城走回了家，十五公里，我从汗流浃背走到泪流满面。到家后，我才发现手机也丢了。我躺在床上，把被子蒙在头上，两行泪不争气地流了下来，我告诉自己：**等我有钱了，一定要打车上班。**

我还记得很多这样的场景，还记得很多那时给自己许下的愿望，那些现在看起来傻气的简单的愿望，直到今天，都实现了。

因为那些孤独的日子，让我明白了，孤独是最好的增值期；也是那些无助的日子，让我明白了，一个人只要相信明天，并为之努力，上天一定会给他光明的明天。

直到今天，我都很感激那些难熬日子中的自己，他不怕苦、不怕累，埋着头迎着太阳往前跑，他没回头，没气馁，无论谁说什么都坚持着往前走，盯着目标而不是看着对手。

直到今天，终于我可以告诉自己，也可以告诉你，现在的生活，就是我想要的。

但或许只有自己明白，这些年遇到的困难是什么。但那些苦，都似乎是生命中的财富，都是青春里最美的印记。大多数人坚持到了深夜，却倒在了黎明前。

我想，你也正好在最美的年华，你和我一样，都看着远方，相信着未来，不愿意活成自己讨厌的模样。

所以，你选择了我的书，选择了我的作品。

谢谢你还这么单纯地相信着未来，这样的人本身就不多了。

如果可以，愿你能在安静的时候，读完里面的文字，这些文字是平时的随笔，是睡不着时的思考，是微醺时的感受，是孤独时的希望。

我想，我也会老去，甚至有一天，会像那位前辈一样，写不动任何作品。

但好在，此时，我还在你身边，陪着你长大，此时，正是我们最年轻的时候。

我曾写过，打败焦虑最好的方式就是立刻去做令你焦虑的事情，而请你相信，此时此刻就是永远，此时此刻也就是一切。

所以，愿你青春无悔，永远在路上，也祝你阅读愉快，着眼未来，活在当下。

目 录
CONTENTS

PART 1

当你的能力撑不起你的野心时

PART 2

总在进步的人，从来不会老

PART 3

永远给生活埋彩蛋

PART 4

有没有一个时刻，让你忽然长大

当你的能力撑不起你的野心时

你想改变世界，自己却过得一塌糊涂；

你想和最美的姑娘恋爱，自己却不修边幅；

你想通过考试，自己却连一个单词都不背；

你想踏遍千山万水，过上浪迹天涯的生活，

口袋里却没有一张买车票的钱。

试问，你为自己的野心做过什么努力呢？

你的野心，要配得上你的努力

一

每个人都有野心，尤其是在自己年轻的时候。

但随着年纪的增长，挫折变多，人的野心渐渐退化成了决心，决心变成了安心，安心变成了随心，随心变成了无心改变，然后就开始嘲笑那些有野心的年轻人。

这些年我交的朋友，年纪几乎都比我大，有些甚至是与我年纪相差很多的长辈，他们的儿子只比我小几岁。于是，我总是被邀请到他们的家宴中做客，被某个只比自己小几岁的孩子叫叔叔。

在一次家宴里，我这当叔叔的亲眼看到一次家庭冲突。高考填报志愿，儿子想学摄影，父亲是个工程师，坚持让他报考当地的工程大学，将来子从父业，稳定踏实，儿子能在自己身边，日子也能过得不亦乐乎。

但那顿饭吃得很不开心，父亲滔滔不绝，儿子低头不语，我在一旁，如坐针毡。眼看桌子上的红烧肉凉了就不好吃了，于是，我率先张了口："哥，听听小侄子的想法吧，都是你在说，他都没张口。"说着，我夹了一块红烧肉到他的碗里，顺势夹了一块给自己，顺理成章地吃了起来，味道还不错。

孩子说得很简单："我从小就喜欢摄影，还获了很多奖，我觉得我以后会成为一名优秀的摄影师，会拍出世界上最好的照片。"

听到这儿，红烧肉在我嘴边忽然失去了味道，他说的那番话不像是一个十八岁的孩子说出来的，而像是个十岁的孩子讲出的。他的话，似乎更有味道。

果然，他父亲开口了："年纪轻有野心是好事，但我告诉你，你肯定会后悔的。"

趁着他父亲讲着这没味道的话，我吃完了红烧肉，看了看他，咽了下去。

他父亲继续说："谁还没个年轻无知的时候啊！"

我接了话，说："年轻不一定无知啊！年龄不能决定智商吧。"我继续说，"那如果他后悔，就后悔呗，这么大了，还这么有想法，后悔是自己的事，不后悔岂不是更好？"

他父亲夹了块肉，囫囵地咽了下去，看得出，那块肉对他来说也味同嚼蜡。

回家的路上，我看着北京的夜色，久久不能平静，原因很简单：来这个城市十年了，我也从青年变成了中年，但我们从什么时候开始，失去了野心，又从什么时候开始，连有野心的人都不相信，却要嘲笑一番了呢？

随着年岁增长，那些曾经最美好的执着、伟大的野心，也都随着时光烟消云散了吗？

想到这里，我忽然有些感伤。

好在，后来我得知，那孩子最终还是学了摄影。他今年大三，获得了国家奖学金，迄今为止过得很好。

二

直到今天，我都很喜欢和那些有野心的人在一起玩儿，更喜欢和有野心的孩子成为朋友，无论他们年纪大小，都必定是有趣的一群人。因为他们对这个世界充满希望，相信明天，认为自己会越来越好。这样的人很少，但的的确确存在着，是他们点亮了这个时代的夜空。

可只有野心，远远不够，你的野心，还必须配得上你的努力，否则只有野心，吹嘘扯淡，不行动，人就成了妄人。

你想改变世界，自己却过得一塌糊涂；

你想和最美的姑娘谈恋爱，自己却不修边幅；

你想通过考试，自己却连一个单词都不背；

你想踏遍千山万水，过上浪迹天涯的生活，口袋里却没有一张买车票的钱。

试问，你为自己的野心做过什么努力呢？

你那野心，不过是空中楼阁；你那梦想，也不过是梦幻。没有脚踏实地的理想，全部是耍流氓；没有经济基础的浪迹天涯，全部是大忽悠。试问，你为你的野心，做过什么努力呢？

当老师的这些年，我最大的感触，就是考试前大家表现得一样，几乎没什么区别，可是考试后，永远是几家欢喜几家愁。

为什么会这样？很简单，你真的走心学习了吗？你有按照要求把每节课都吃透吗？你背单词了吗？你做真题了吗？你把每个盲点都弄清楚了吗？倘若都没有，那些野心又有什么意义呢？

这些年，我见过好多学生，喜欢深夜励志，说什么总有一天自己一定会成为人上人，然后在微博上@我，时常让我感到毛骨悚然。十二点，他们给自己罗列了好多第二天要做的事情和要实现的目标，这野心已经像是誓死的决心，但结果呢？

第二天晚上，他又罗列了一遍一样的目标。

人在夜晚特别容易情感爆发，到了白天就要死不活。

我其实不太赞同到处说自己的野心和梦想，有时候一旦说出来，往往就泄气了，除非你是一个需要被人监督才能向前的人。

所以，当你有了野心，别着急爆发出来让世人知晓，默默地埋在心里，用每天的努力来为它灌溉，让野心发芽、结果，成为生命的一部分。

另外，大半夜，别总是发微博，在朋友圈表决心、表情绪，人啊，一到深夜就是想得太多，读书太少。

三

有野心是一件很美好的事情，你不需要告诉别人，不需要声张，它是一个自己与自己的约定。

你告诉自己要飞翔到月亮上，有一天你会明白，自己并不能插上翅膀。但你通过自己的努力，能随时买得起飞机票，从天上俯瞰大地，拥有飞翔的感觉。

这样的努力，也配得上你的野心。

我曾经在自己最无助的时候，在日记本上写过一句话："尚龙啊，你要盲目自信，要相信自己许下的目标，不要管别人怎么说，一定会完成！"

后来我长大了，看到纸上"盲目自信"那四个字，总会特别庆幸。是啊，在那一无所有的时候，何来的"合理自信"呢？但有了盲目自信，我的野心重新回到了心中正确的位置，有了野心，谁的打击也不好使，我就是要埋头向前，迎接每天的挑战。

后来我把"盲目自信"这四个字送给了许多读者，告诉他们，不要管别人怎么说，不要管这世界怎么了，不要管身边人如何颓废，你要坚定你自己的努力，安静地奋斗，每天进步一点点，这些都是灌溉你野心的养分。

直到有一天，野心成了现实，目标成了目的地，盲目自信也就自然变成合理自信了。

记住，野心就是自己和自己的约定，不要管这世界怎么糟。

写到这里，我想起电影《动物世界》里的那段台词：

该打的仗我已经打过了

该跑的路我也跑到了尽头

老子信的道老子自己来守

背叛、争抢，没有底线

想把老子变成一只动物！No！没戏

老子宁可做一辈子披荆斩棘的小丑

也绝不会变成你们这种人渣的样子

游戏是你们的

规则老子自己来定

现在读起来，忽然明白，这就是野心，它和别人无关，和世界无关，只和自己的努力，息息相关。

你离你想要的生活，只差一个野心

一

爷爷家在河南的光山县，这个县曾经是当地著名的贫困县，许多人家靠小本生意维持生存，有的人家做了一辈子的小生意，也没什么积蓄。

爷爷生前，我曾经问他为什么没人给他们扶贫，他给我讲了一个故事：

当时，政府给一个贫困家庭扶贫，这一家人靠经营小卖部为生。政府拿出一万元，希望他们把门面修缮得好一些，或者多进一些货，再或者把欠的外债还了，从而把更多的精力投入到生意中。

这家人接受扶贫的时候，满口答应。但一年后，这家小卖部没有任何变化。

因为这家人把扶贫的钱拿去打麻将，输了个精光。

同样的故事发生在印度。《稀缺》里讲了个故事：一个印度家庭每天靠打鱼为生，每天早上五点就要起来打鱼。而且租别人的船每天要付很多租金，但倘若他们能有自己的渔船，就不用那么辛苦了。

于是，调查者就拿着一笔钱给这些每天必须早起的渔夫。他们认为，只要拿着这笔钱买一艘船，就能改变自己的生活，至少不用每天起那么早了。

可是，几个月后，他们发现，这些渔夫花光了所有钱，有些是当嫁女儿的嫁妆送了，有些是为了排场花了，有些是赌博输了，有些都不知道怎么就花了。大多数人，又过回了原来的生活。

所以，到底怎么了？

类似的故事有很多，其实，比口袋更贫穷的，是一个人习惯了这样的生活，从内心深处不想有什么改变。而他们不知道的是，底层的舒适区是十分恐怖的，因为待着待着人就会变得迷茫，继而渐渐变得颓废。

美国作家拿破仑·希尔在《思考致富》里说："无形的意念会带来财富，凡是你心里所想，并且相信的，最终必然能够实现。"

《秘密》一书的作者也说："你朝思暮想的，终将会被你吸引。"

讲真的，我其实不太相信什么"吸引力法则"，但可怕的是，一个人连想都不想，更别说做点儿什么了。

人连欲望都没了，野心都不剩了，只剩下舒适，舒适区待久了，人就废了。

我曾经写过一句话：在大城市搞废一个人最简单的方式就是给他个小房间和一根网线，如果再给个外卖电话，好了，这人就废了。因为底层的舒适区，十分容易废掉一个人。

其实，一个人离自己想要的生活，就差一个野心，一个愿意改变现有状态的野心。

就像《稀缺》这本书里说的那样："稀缺的资源一点儿也不可怕，这个世界不缺资源，最可怕的是稀缺心态。"

这种心态，注定把人牢牢地控制在自己所在的舒适区，无法自拔。

二

有时候我们不得不承认，这个世界是分阶层的。

而这些年，阶层固化的话题一直被讨论，那些有钱人，好像一直都那么有钱，他们的孩子接受更好的教育，占有更多的资源，从而拥有更多的财富。

听起来有些可怕，不，其实比这个更可怕的是那些不是很有钱的人，认命了。

他们不相信人可以改变阶层束缚，他们不相信个体从来没有固化。比阶层固化更可怕的是意识固化。你不相信自己的生活可以改变、阶层可以跃迁，连一点点的野心都没了。

美国作家泰勒·科文在《自满阶级》中说："美国的上层阶级、中产阶级都不思改变，这没什么，可怕的是，美国的底层也都十分老实，他们也不愿意发生改变。"

换句话说，每个阶层都对自己的生活太满意了，这样，也就造成了阶层固化。

但我们不一样，我们有无数上升的通道，只要你足够有野心，足够敏感，足够努力，你总能看到别样的希望。

怕就怕，你自满了，你觉得无所谓。

而现实中，许多人都是如此。

记得有一次，我坐高铁，当我从二等座走到商务座的时候，惊奇地发现，除了睡着的人，商务座上大多数人都在办公。一等座上，不少人都在读书，而二等座上的许多人都在打游戏、看电视剧。

最可惜的是，许多打游戏、看国产剧的人，都是正值青春的学生，他们把自己的野心放在了游戏中，放在了消遣里。

这些年在北京，我认识了很多人。这些人里许多都是白手起家，没有继承父母一分钱，凭借自己的野心和努力，在这座城市从一无所有打拼到收获幸福、改变了自己的生活。

他们回首往事的时候，总会感叹着："自己的努力没有辜负自己的野心。"

三

小的时候玩过一款游戏，记不住名字了。你每通过一关，地图上就多一块可视的部分，少一块阴影。后来慢慢知道，这不就是我们的人生吗？我们每进步一些，每成长一点儿，世界的地图就被多解锁了一些。

野心，是解锁地图最好的钥匙。

如果你是一个有野心的人，想要体会不同的生活，请听我一个建议：一定要来大城市。

我经常鼓励高考结束的学生和计划考研的学生首选大城市，因为既然年轻，何不义无反顾地去世界的中心。

如果想要成为一个不一样的人，就应该有这样的野心去更大的地方，尝试不一样的生活，认识更多的人，走更多的路。

曾经有很多学生问我，是不是一定要去大城市生活。

我说，那取决于你想成为什么样的人。

如果你的野心还无处安放，那就来闯一闯吧。倘若已经不愿意颠沛流离，那回到老家也不算失败，不过是另一种生活而已。

大城市意味着有更多的机会，有更不一样的人，有更不同的生活，但同时，意味着有更多可能的失败，更多可能的孤单，更多可能的沮丧和绝望。

那为什么还要来大城市呢？

记得有一次，我参加一位朋友的新书发布会，现场来了很多人，很火爆。

互动问答时，因为时间关系，留了五个提问机会，许多人举手，前四个机会却只给了第一排和第二排的来宾。第五个问题时，我提醒朋友，也给后排朋友一个机会吧。朋友点头同意。

那时我忽然意识到了，为什么一定要去大城市，因为在你最年轻的时候，一定要离这个时代的心脏近一些，因为那里的机会多。不是说离心脏远的位置没有机会，但那种比例，就像是互动问答时候的读者提问，选中你的比例是 4 ：1。

四

但有了机会不代表你一定能怎么样。

好的机会一定要搭配上你的才华、能力、素养，才有意义。

你的才华、能力、素养，一定要配得上你的野心。

所以，在没人看到你的时候，你更要默默发光。一个人平静地努力，刻意地训练，低调地前行，去创造出一个更好的自己。

因为只有更好的自己，才能配得上更好的生活。

改变自己，就是小人物最大的野心

一

小的时候，我一不读书，父亲就会讲一个故事给我。在这里，我也把这个故事分享给你：

19 世纪，美国东印度舰队开着四艘军舰、带着几十门大炮来到了日本，想要"开港通商"。强大的武力，让日本不敢说"不"。

第二年，日本被迫签订了《神奈川条约》，由此，日本结束了闭关锁国两百年的历史。

但是，当美国军舰来临的时候，一个十九岁的乡下武士报国心切，拿着一把武士刀冲到海边，想要用手上的武士刀赶走那些美国军舰。武士跑到军舰那里一看，傻了眼，这刀要往哪儿砍啊？他坐

016

在海边，看着乌泱泱的军舰，决定放弃剑术，改学西学。

一开始，他告诉身边的朋友，小太刀比大太刀灵活。之后，又告诉朋友，手枪和火枪才是一统天下的法宝。直到最后，他发现，所有的武器，都不如文化和知识有用，只有改变人的思维，才能改变这个国家，而改变别人的思维，要从改变自己开始。这个人就是明治维新的第一推手，坂本龙马。

就是他，提出了许多对日本发展至关重要的政策和规章制度，最后改变了自己的国家。而这一切，都是从十九岁的那个夜晚，他决定改变自己开始的。

十九岁那年，我读大一，那时的生活已经把我摧残到没有梦想。因为我讨厌那时的环境，觉得生活没有意义，活着就好，哪有什么理想和梦值得实现。改变世界这种事情，跟我有什么关系？

更别说，有什么野心了。

那年暑假，我从北京回到老家，父亲再次给我讲了一遍这个故事，他说，你看，你也十九岁，他也十九岁，为什么会有那么不同的价值观呢？

父亲继续说，一个小人物，也可以有野心，不过，他的野心不一定要那么大，不一定要去改变国家、改变世界。起码你应该像坂本龙马一样，从改变自己开始。

改变自己，就是小人物最大的野心。

这一句话在我成长的路上给了我很大的帮助。直到今天，我还是会鼓励我的学生：年轻时要有野心，而且要努力。每个小人物，都应该有自己的野心，人要是没有野心，和咸鱼有什么区别。

二

心理学家阿尔弗雷德·阿德勒在《自卑与超越》一书中说："真正决定一个人行为的，是我们想要达到的那个目标，想要改变自己，就要认清自己的目标。一旦校准目标之后，你就会像弓箭手一样，绷紧身体和精神，让自己的一切行为都为你的目标服务。"

人应该有自己的目标，并且目标一旦设立，就要用自己的野心去实现它，用行动去靠近它，从此时此刻开始，不要拖延。

我有一个好朋友，叫帅健翔，他是我见过的行动力最强的人。他曾是广州新东方的一线教师，还是催眠师，但他最大的梦想，是成为一个作家。

我曾经问他为什么，他说，作家就是坐在家里，我不喜欢动。

你看，每个人的初衷其实可以这么简单。

我笑着看着他胖胖的身材，说："嗯，可以看出来，你不喜欢动。"

有一次他从广州来看我，我们在三里屯的一家日料店里聊起了天。喝了两杯酒，他很快表达出了自己的野心，但同时，也表达出了自己的迷茫：想出本书，但不知道该怎么做。

我当时喝得迷迷糊糊，大概说了一个建议："帅老师，我的建议是你一定要来北京。第一，这里是文化圈的聚集地；第二，这里是出版圈的聚集地；第三，这里有我。"

喝完酒，我就回家睡了。

第二天早晨，帅老师给我打电话说："龙哥，我决定搬到北京来！"

我迷迷糊糊地问："什么时候？"

他说："就今天。"

我当时震惊了，这样的行动力，至少我身边很少有人做得到。

可是，搬到北京岂是你想搬就能搬过来的？首先你要考虑房租，还要考虑住在哪儿。

我就问他："你准备住在哪儿？"

他说："我忙了一上午，定在了富力城小区。"

我忽然醒了，说："这不跟我一个小区吗？那你住哪个区？"

他说："我住在 A 区。"

我坐了起来，说："什么，和我一个区！那你住在几号楼？"

他说："我住在 × 号楼。"

我站了起来，说："什么！跟我一栋楼！"

我又问："那你住在几层？"

他说："我住在你楼下。"

我再也按捺不住我兴奋的情绪，说："咱们真的太有缘分了！在你完全不知道我住哪儿的情况下，竟然成了邻居。"

他冷冷地回答着："龙哥，昨天你喝大的时候，全都告诉我了。你怎么不记得呢？"我差点儿一屁股坐在了地上。

那是我十分有感触的一天，人的野心，应该用行动来实现。他就是这样一个人，在我喝大的时候，他在学习；在他决定了要来北京的时候，就已经开始计划并且行动，这样的人，怎么可能做不成事。

一个月后，帅老师的大纲写完了，稿子也写得差不多了，交给了出版社。我想，用不了多久，他的书就要出来了。

他用自己的行动证明了自己的野心不过是平常心。

也就是那时，我开始明白，每一个小人物，都应该从改变自己开始。要行动，要做点儿什么来逐渐靠近自己的野心，这不是鸡汤，更不是无聊的励志。你必须要行动，才会知道这句话的真伪，否则，你只能抱怨着："听了这么多道理，还是过不好这一生。"

三

从 2017 年起，一个偶然的原因，我开始关注校园暴力，持续地关注了一年，为此我还写了本书——《刺》。

从一开始的孤掌难鸣，到现在，越来越多的大咖用自己的影响力进入了这个领域。

在一开始，许多人对我冷嘲热讽地说："尚龙老师，管这个干吗？又改变不了什么。"

我没有回答，因为我的野心，没必要向你汇报。

《刺》刚一上市，就占据了各大排行榜第一名，许多学校的老师、上层领导都读完了这部作品，他们开了很多次会，思考着应该做一些什么。

在这本书里，我写了这么一句话：天使不登台，魔鬼不退场。

现在终于可以说，天使已登台，魔鬼必退场。

在我写稿时，宁夏、山东、福建、北京等地区都出台了严格的治理措施，要求成立学生欺凌治理委员会。更好的制度和法律相继出台，保护这些孩子。终于，光明照进了黑暗，黑暗荡然无存。

现在《刺》已经在计划着拍成超级剧集和电影，将来还会有更大的影响力改变这个世界。

直到今天还有人告诉我："龙哥，我们都是小蚂蚁，小蚂蚁怎么可能改变这个世界呢？"

我总是会亲切地回答："你才是小蚂蚁，你全家都是小蚂蚁。"

其实，每个人都应该相信自己的野心，更应该相信，我们生下来就是和别人不一样的，我们是自己的超人，超人注定飞翔，注定和引力为敌，注定和黑暗为敌。

眼睛只要看着天空，就注定有飞翔的机会。

四

所有小人物都应该从小目标开始努力，一点点地实现自己的野心。

那些简单目标的实现，随着时间的积累，总能干成伟大的事业。

最后，还是与你分享一个故事：

美国有一个小人物，叫波特，在他二十多岁的时候做过歌手、演员、记者、作家、出纳员……据说，他还想成为一个画家。他是不是很像二十多岁的我们，想要征服世界，却弄得自己疲惫不堪。

他二十九岁在得克萨斯州当银行的出纳员时，因几笔钱不翼而飞而丢了工作，被起诉，指控他挪用公款。被取保候审后，他逃出了美国，一直逃到南美的洪都拉斯。六个月后，他得知妻子病重，女儿生活没有保障，自首入狱。最后他被判了五年。

这就是一个小人物的青春，满怀希望地成长，遍体鳞伤地跌倒。波特入狱后，得知妻子无法工作，女儿又不能自理，在监狱里，他找监狱长要了一支笔和一张纸，他说："我想给我女儿赚点儿钱。"

于是，在那座监狱中，他开始写作。

几年里，他写了很多部短篇小说。

为了不让女儿知道他在坐牢，他就用笔名去发表，那是他人生的低谷，但他却始终保持着小小的野心：为女儿赚一点儿钱。

在他人生的低谷里，他写了很多优秀的小说，比如《麦琪的礼物》

《最后一片叶子》,这个人就是"世界三大短篇小说之王"——欧·亨利。

那小小的野心，让他在人生的谷底发酵，随着孤独和寂寞升华，随着努力和奋斗进化，竟让自己变成了文学巨匠。

所以，谁说小人物不能有野心呢?

无非是你肯不肯相信，那些奇迹随着自己的努力，总会不经意地发生。

哪怕你和我一样，不过是个小人物，也希望你能实现自己的野心，找到属于自己的天地。

你讲的话，可能就决定了你的一生

一

一次和一位老师吃饭，他给我讲了一个故事，为了叙述方便，我用第一人称写。

四年前，我有一个学生准备考研，她有一个习惯，每次上课只要做错一道题，她的口头禅就来了："完了，考不上了。"

她并不是真的觉得考不上，也许，她只是说着玩。

其实她的正确率很高，一篇英语阅读，五道题基本上能做对四道（这样高的正确率比较少见）。

但是她总是盯着那道错题，不停地刷新着那句口头禅："完了，考不上了。"

临考前一个月，她的正确率开始急速下降，至少，在我的课上，她的这句口头禅频率飙升，一节课能说五次。一开始我以为她很自信，只是在开玩笑，直到有一次，她竟然直接哭了。这时我才知道，她是真的觉得自己考不上了。

我随即给她做了个测试，做完后，我问她："你觉得怎么样？"

她说："完了，考不上了。"

我拿出她的卷子，转身出门对答案，回来后，我对她说："你全做对了。"

她欣喜若狂，愁云一扫而光，"我看到了希望！"

我点头，"从今天开始，当你想说'我考不上'时，就把话改成'我看到了希望'，好吗？"

她疯狂地点头。

那一个月，她的正确率没有提升，但口头禅变了，积极的心理暗示，让她的心态居然好了很多。

当然，她的考试成绩也如我所料，顺利通过，来了北京。

后来她告诉我："自从那次测试全都做对了，我觉得自己能力就变强了。"

我也告诉她："那次你其实没全对，正确率也就 60％，我骗你的。"

她特别好奇地问："啊？那怎么回事？"

我说："因为你的口头禅变了，心态好了，也就过了。"

她恍然大悟。

二

为什么会这样？

仅仅只有积极的语言能让人心态积极吗？

其实不是。

实验表明：当一个人没有实力，或者能力不足时，越积极的心理暗示，反而越会造成意想不到的失落。

所以，让自己变强的最好方式，是一边进步，一边积极暗示。

让自己心态变好的方式，不仅要不停地说，更要让自己相信这一切是真的。

有次新书发布会，我在台上和宋方金老师对话，我开玩笑地说："宋老师是中国最好的编剧。"

宋老师立刻打断我，我以为他要谦虚谨慎地纠正我。

结果他说："千万不要加'之一'。"

当时台下笑声一片。

但事实上，他平时也是这样，甚至这都成了他的口头禅。

后来我自己观察，发现许多行业内的高手都是这样，他们习惯给自己一个定位，总是强调，说着说着就信了，然后潜移默化地朝着那条路走着。

走着走着，就真的成为那个曾经说过的人。

语言，真是伟大。

三

这样的例子很多，可以再举一个。

曾经有一个同事，每次上课的时候都跟学生吹牛，说自己每天背三百个单词，其实他每天背的也就一百多个，这个数量也不少了，但他总是一激动就吹成了三百个。

后来他想，不能吹了，不兑现那不成骗子了吗？

然后他开始加量背单词，从原来的一百个加到三百个。刚开始，他痛苦得要死，后来习惯了每天背三百个，最后去考 GRE（美国研究生入学考试，词汇量要求最多的考试），差点考了满分。

现在他的习惯就是特别喜欢吹牛，我们将信将疑，但吹着吹着，自己就信了。

前些日子，他说他要去南极，我们就起哄："你又开始吹牛了。"

上个月月底，他发了在南极的照片。

我们只能默默地点赞发祝福，还能怎么样？

所以，**如果说口乃心之门户，那么，你的口头禅就决定了你的意识和思维，这可能就决定了一生。**

四

我曾听过一个心理学的真实案例。

一个女生，结婚后因为被家暴而离婚，第二次结婚，还是被家暴，再次离婚。

后来她找了一个性格温和，甚至不喜欢讲话的男人。

在他们新婚后不久，这个女人哭着跑到了闺密家，脸上竟然又是一个红红的巴掌印。

同事、朋友们去她家找她丈夫对质，丈夫蹲在家里，痛苦得无法自拔。他一直自责着："我怎么会是这样的人？"

一小时后，他们都恢复了平静，开始复盘，当故事呈现时，细节令人震惊。

两人起争执其实是为了一件很小的事情，大概是谁应该洗碗。一开始丈夫没理妻子，可是妻子不停地唠叨，还不停地说着"你是不是想打我？""你打我啊！"这样的语言。

丈夫一开始很震惊，"我不想打你。"

可是妻子失去理智，竟然开始不停地强调："你是不是要打我？"

后来，她加大分贝，说："你要不打我，就不是个男人。"

声音分贝之高，让丈夫彻底失去理智，终于他动了手。

五

写到这里，我内心开始颤抖：**语言的魅力太强大了，竟然能无形之中塑造着我们的大脑，改变着我们的一生。**

你可能从来没有在意过自己的口头禅，但再次强调一遍，口乃心之门户。**你讲的话，干扰了你的潜意识，你的潜意识决定了你的心态，你的心态塑造了性格，性格又改变了命运。**

比如，祥林嫂的口头禅是："我真傻，真的。"《三傻大闹宝莱坞》里，兰彻的口头禅却是："都会好的。"

仅仅因为口头禅的不同，在遇到重大事情时，他们的思维方式也发生了本质的区别：**一个默默承受着外界的改变，一个想着如何通过自己改变。**

当然，他们的命运也发生了巨大的变化。

一个逆来顺受，一个充满热情。

同一件事情的发生，有些人看到的是机会，有些人却只是悲观地摇头。

有些人看到了大海，有些人说那里淹死过人。

那么，你想成为什么样的人，就从习惯讲的话开始改变吧。

你怎么过一天，你就怎么过一年

一

每到年底，总能听到无数的声音在抱怨："我怎么又虚度了一年。"

我想，你也厌倦了一年年都是这样的生活，都是这样抱怨了吧。

这很正常，因为没有虚度的人毕竟是少数，而这些人从来不抱怨，你也不可能听到他们抱怨的声音，他们都默默地把事情做了。

所以，总有人问我，一年能不能让一个人脱胎换骨，成为不一样的人？

我的答案是肯定的，因为我见过太多这样的人。他们和我们一样，但他们在一年里完全改头换面，而我们却不为所动，一直抱怨着一年又过去了。

这是个糟糕的体验：你看着那些人在变化，自己却在原地踏步。

你看着那些人的年底是总结会，你的年底却只是观众和听众，你总结完才发现今年和去年比，多了的只有年岁和愁容。

你看着他们一年就换了工作，搬进了市中心，学会了新技能，你却只能摇摇头说他们运气好。

这到底是为什么？

二

你和别人的区别，在于有人按天过，你在按年活。

如果每天下班回家，你都在跟自己暗示："这一年快过去了，我不能还是这样。"至少，你每一天都会去做点儿什么来改变。

一年是由三百多个日子组成的，三百多个日子每天都做一点点改变，别小看它，积累起来，三百多天的变化也是令人震惊的。

但大多数人，每天都过着没有意识的生活，甚至每天都没有十分钟可以在一个没人的地方反思一下：今天我这么过有什么意义？明天我是不是可以换一种生活模式？

没有，或者说一年中很少这样做。

大多数人永远是被日子推着走，没有停下来想想：这一天我还能做什么改变？哪里还做得不好？

日子推着推着，就把人推到了年底。这时，大多数人才开始反思：这一年怎么就过了呢？我怎么什么都没做呢？

这些反思不是自主的，无非是到了年底，辞旧迎新的大环境下，大家都开始反思罢了。

这种自责感估计只会持续一段时间，过完年，日子继续，生活还是这样，没意识有规律地继续过着，然后熬到了下一年年底。只有在微博上刷倒计时的时候，才再次感叹时间的流逝，自己的静止。

所以，真正的高手永远按天过，而不是按年过。

永远有意识地过着每一天，而不是到了年底，才恢复了意识。

三

有时候我总在想，你怎么过一天，就怎么过一年，也就怎么过一辈子。

你可以什么都不信，但不能不信因果。

你今天什么都没做，明天什么都没做，到了年底怎么可能有什么变化？

比如，你每天都在背单词，一年后考托福是不可能不通过的，因为你每一天都在巩固自己学习到的内容。三百多天的坚持其实是一个积累的过程，哪怕一天背三十个单词，三百多天就是九千多个，你就算忘掉一半，也可以达到六级考五百分的水平。

可惜的是，我们忘记了，这世间许多美好都源于坚持。

看书看三天就放下了，小说就记得开头，坚持不到结尾。

健身一周后就开始胡吃海塞，长的肉比瘦下来的还要多。

学习只有三分钟热度，买了课，买了琴，买了辅导教材，买了就买了，不坚持，让它落灰，图个心理安慰。

这样下来，一年真的会什么都得不到。

我曾经写过一篇文章，《如何在一年里成为一个"牛"人》。那些牛人和我们比起来，并不是因为基因好，比我们天赋高，**他们不过是聪明人用笨功夫，一步步地坚持罢了。**

他们无非是很慢地行走着，风雨兼程，无论什么突发情况，每天都在坚持而已。

他们甚至没有故意给自己励志，他们不过是坚持了十多天，然后养成习惯罢了。

他们和我们其实是一样的。

四

有人问有目标地坚持累不累。

我想说，如果你有过坚持一件事情的经历，就能回答："**坚持做一件事情不累，累的是浑浑噩噩地生活。**"

我的一个朋友每天早上六点起来早读，坚持了一年。有次我问他："你这一年都这么早起来，累不累？"他说："不累，有目标感挺好，久而久之就习惯了，停下来还不舒服呢。"

对比起有目标地坚持一件事情，每天毫无目标地生活才疲倦不堪。

就好比在年底抱怨这一年什么也没做的那些人，你真的以为他们不累吗？他们更累，他们那种疲倦是从心里来的，每天也在忙，不是别人让他们干什么，就是公司让他们必须这么做。

一个人按照自己的意愿生活，其实并不累，比如，下班给自己报一个班，每天利用下班的时间学习迭代，别人都觉得你很累，你却乐在其中。

久而久之，你就会比别人进步更大，那种喜悦是加倍的。

到了年底，你拥有更多的是舒心和放心，而不是担心。

这世界的幸福就是这样，给自己一点期待，坚持下去，珍惜每天的时间，按自己的意愿生活，一年下来，你觉得谁会辜负你？

你怎么过一天，就注定着你怎么过一年，或许，也暗示着你怎么过一生。

努力到让世界为你改变

一

我认识宋方金老师之前,是不喝白酒的,后来又认识了一些知名演员,发现他们的桌子上总有一瓶白酒。

有一次,我们在三里屯吃饭。我迟到了,在我的桌子前摆着一大杯白酒,我想,既然来了就尝尝。于是,我站起来,潇洒地说:"各位,虽然我从来不喝白酒,但我知道酒桌上的规矩,既然来晚了就应该自罚三杯!好,我干了。"

就在我刚拿起酒杯时,宋老师挺身而出,他说:"尚龙,千万别,喝一杯就行了!"

我当时十分感动,没想到宋老师这么关心我。

他接着说："喝一杯就够了，别喝多，酒太贵。"

我当时十分生气，难道酒贵我就喝不起吗？后来我一想，还真喝不起，但转念一想，这又不是我带来的酒。于是，我当着所有人的面连喝了三杯。

这一下，把宋老师吓到了，一晚上，他都没敢跟我喝。因为他喝一杯，我就以迟到为由连喝三杯，直到我把自己喝倒。

第二天，我醒来后发现头竟然不痛，这是我为数不多酒后头不痛的早上。

我给宋老师发了信息："果然是好酒，头竟然不痛"。

他对我说："如果你这辈子喝很多酒，就一定要喝最好的，要不然一个作家、一个编剧，容易把脑子喝坏；但你如果这辈子喝得很少，那为什么不喝最好的呢？"

于是，我把宋老师的这套理论发扬光大，我发了条朋友圈："以后我只喝茅台了。"

有趣的事情发生了：自从我对外宣布我只喝茅台后，省去了大量无用的社交。

如果一个人请你喝茅台，要么是尊重你，要么是有重要的合作，但至少每一次，都不是无聊的应酬和无用的社交，那些只是想把你灌醉的人在我的社交中消失了。

我身边的很多人开始学习我的这套理念，这套理念越传越广，直到传到了茅台酒厂。

茅台酒厂给我们定制了一批茅台，他们问我，想在这瓶酒上写点儿什么。于是，我在酒上写了一句话："耐住寂寞、守住繁华。"

酒到了后，我拿出了几瓶和朋友喝。一位作家朋友喝完两杯，说："尚龙，你发现了吗？你连喝酒都喝得那么努力。"

我说："这怎么说？"

他说："你努力到世界都为你而改变了。"

二

其实我并不觉得自己有多努力，我只是明白，如果你不对生活有一些要求，不去死磕、坚持一些事情，不去坚持一些美好，生活也不会善待你。

在我身边有一些人，他们都在坚持一些小小的事情，然后忽然有一天，这些小小的事情改变了更多人，甚至改变了这个世界。

很多人认为改变世界很难，其实我们小的时候，不都有一个改变世界的理想吗？只是随着我们长大，逐渐忘了当时宏伟壮丽的想法，然后安慰自己：人总要长大的。

但只有少数人，靠着自己的坚持，靠着自己的执着，改变了世界，哪怕是一点点，哪怕是自己的世界。

你可能会觉得这很鸡汤，真的吗？

我再分享一个故事：

2006 年，美国有一个叫凯瑟琳的小姑娘在电视上看到了一条令自己震惊的消息："非洲每三十秒，就有一个孩子死去。"

凯瑟琳坐在沙发上，动弹不得，然后她看着表开始计算，三十秒后，她忽然哭了起来。

妈妈问她怎么了。她说："刚才非洲死了一个孩子。"

于是，妈妈陪她在网上搜索非洲儿童死亡率高的原因：非洲的孩子买不起蚊帐，而令非洲孩子死亡的疟疾主要通过蚊子传播。

这件事对凯瑟琳影响很大，第二天，她告诉妈妈，自己不吃点心了，要把买点心的钱捐给非洲的孩子买蚊帐。妈妈笑了笑，跟她说："点心还是要吃的，妈妈带你一起去买蚊帐。"

当天，妈妈带她买了蚊帐，在网上，她们看到了一个"NothingButNets"（只要蚊帐）的基金会，妈妈带着她把蚊帐寄了过去。

几天后，凯瑟琳收到了一封感谢信，说她是年纪最小的捐赠者，因为她那时只有六岁。信里还说，只要捐够十顶，就可以有一张奖状。

于是，她把自己的旧玩具、衣服、书本全部卖掉换成蚊帐，还和弟弟一起画了十张奖状，只要买她的东西或者捐助蚊帐，她就会送奖状给他们。就这样，她持续了两年。有一天，"只要蚊帐"基金会通过电话告知她，说她的十顶蚊帐送到了一个有五百五十户人家的村子。

凯瑟琳一想，村子里有五百五十户人家，而自己只捐助了十顶，这怎么够呢?

于是，她想了很多办法。比如，举办舞台剧、演讲，一次又一次地强调，那个村庄需要五百五十顶蚊帐。

接着，她做了一件特别可爱的事情，写信给比尔·盖茨："亲爱的比尔·盖茨先生，如果没有蚊帐，非洲的孩子会因为疟疾而死。他们需要钱，可是听说钱都在你那里……"

比尔·盖茨很感动，捐献了三百万美元，凯瑟琳还画了一张奖状送给了比尔·盖茨。

因为凯瑟琳，在非洲超过一百万个孩子被救助了，那个村庄现在改名叫"凯瑟琳蚊帐村"。

后来，很多记者去非洲采访，非洲的许多孩子对着镜头说："这是凯瑟琳蚊帐！"

那种美好，令人感动。

三

其实，我们在很小的时候梦想过自己成为超人，披着斗篷，改变世界。

长大后，我们逐渐发现，超人是存在的。只是超人不会穿紧身裤；超人就在身边，那些真正愿意保持那丝纯洁并能坚持到底的人，少之又少。

这些年，我一直很喜欢《小王子》。迷茫的时候，我都会找一个安静的地方，重新读一遍。这是一个写给成年人的童话故事。

是啊，我们不再相信那些美好的事物了，我们也不再相信那些温暖的东西了，可是，这世界的确还有人在相信，还有人愿意为这个世界做一些什么。

我想起了一个关于非洲的故事。1988 年，西蒙·贝里在非洲工作时发现了一个问题：非洲的医疗条件太差，药物短缺，许多非洲的孩子竟因为拉肚子脱水而失去生命。

为什么药物短缺？因为非洲许多偏远山区道路崎岖，药是运送不过去的。然而事实是，再远的地方，可口可乐都可以运送过去。

于是，他把这个想法埋藏在心里，并想尽一切可能和可口可乐公司联系。他在脸书、博客、推特上公开了他的构想，后来，BBC 邀请他上节目。通过他的努力，他终于敲开了可口可乐的大门。

贝里和太太想了很多办法，最后他们想到把药物装在瓶子间的缝隙里。于是，每一箱可口可乐中不仅有饮料，还有那些必备的药物。2012 年，这个项目开始，直到今天，平均每天就有一百多个偏远的非洲山区家庭得到帮助。

而这背后不过是因为一个叫西蒙·贝里的疯子一般的人。

我时常在读到这样的故事时被感动得热泪盈眶，因为这是一个陌生人用尽全力、不为名利改变世界的结果，因为他们坚持，因为他们执着，于是，吸引了更多的人加入。

但当你把这个故事说给一些人听时，他们会说，中间肯定有利益吧？假的吧？肯定赚了不少吧？

所以，人最可怕的不是遇到黑暗，而是在见过黑暗后，不再相信光明。

四

我曾经写过一段话：

"你要去重新相信爱、温暖、美好、感情这样一些许多人不再相信的东西，你要明白，所谓的正能量，是在你见证世间苦难后，依旧相信美好的决心。"

这不代表我们要否认这个世界的黑暗，但我们要思考，我们是不是因为一点黑暗，就要彻底放弃光明呢？

相反，我们更应该用光打亮更多的阴暗，让更多人明白，其实世界是可以通过我们的努力改变的。

我记得在我刚开始关注校园暴力时，无数人跟我发私信："龙哥，别转发这些视频了，又没用。你没事能不能转发点正能量啊！"

说实话我挺心痛的，但我还是不管这些冷言冷语，一次又一次地转发着，让更多人关注。

就在 2018 年，国务院教育督导委员会办公室印发《关于开展中小学生欺凌防治落实年行动的通知》。

我认真地看完了这一系列的新闻，感叹终于开始了。

这条通知包含：要求教育部门协调组织相关部门建立健全防治学生欺凌工作机制，各个部门联合制止校园暴力。学校要成立欺凌治理委员会，加大惩罚力度。以及在校长、教育行政干部、教师培训和考评中增加校园欺凌防治内容，细化问责处理，等等。

《通知》还说，这些内容要在 2018 年 9 月底前完成。

上周，一个孩子给我发信息，告诉我他们学校已经成立了"学生欺凌防治办公室"，还问我，我上学的时候有吗？

我把这条消息给我身边的朋友看，他笑了笑说："我们上学的时候，也没有一个叫李尚龙这样爱管闲事的家伙啊！"

是啊，不正是那些爱管闲事的人，照亮了这个世界吗？

不正是那些偏执狂，改变了这个世界吗？

也不正是那些坚持，让世界为他们改变了吗？

愿我们勿忘初心，都是这样的人。

跑到终点再哭

一

　　每到年初的时候，我都会很疲倦，一边跑签售，一边上网课，还有大量的稿子要写，虽然努力分配时间，但依旧很疲惫。一回到宾馆，我就打听最近的健身房在哪儿，喝一杯浓浓的黑咖啡，穿上运动裤去跑步。

　　我把这种方式叫反脆弱，你越疲惫的时候，越应该用一些激烈的方式去让自己重新回到状态。

　　今天，刚刚结束了一门课："重塑思维的十五讲"。下课后，我叹了一口气，合上电脑，忽然眼睛就红了。

　　这门课讲了十五天，说实话，对我来说太痛苦了。虽然每一次课程只有短短的半小时，但要查将近一小时的资料，还要对着电脑讲一遍才可以录，因为每节课都是新的内容，对老师的要求很高。

于是过去的一个月里，我每天早上醒来，第一件事就是做课件、改课件，有些还要写逐字稿，这门课，耗得我很疲惫。

起初运营总监让我开这门课时，我不太愿意，一是怕讲得不好，二是知道这课背后的要求太高。但既然答应了，我只能痛并快乐着吧。这十五天，我越讲越开心，虽然很累。每天看到许多同学给我留言，说实话，我也在进步。

这次出行，我已经去了三十多个城市，每次我都在机场备课，在火车上查资料，刚到宾馆就试网速。我逐渐爱上了这种超快的节奏和打鸡血一般的生活。

鸡血是会上瘾的。

我出门很少带箱子。这次，箱子里除了几件衣服，都是书。这些书，大多数我都看过，之所以带着，只是为了查资料、做课件。好在这门课终于结束了，我也能放放松了。

早上我在高铁上做课件的时候，我的制片人老于揉了揉眼睛，看了我一眼说："龙哥，你一天到晚这样高强度工作，累不累？"

我说："累。"

他认真地问我："你累的时候，会想哭吗？"

我当时忙着做课件，没想那么多，头也没抬，说："哭你大爷！"

直到我下午把课上完，才忽然趴在桌子上，红了眼圈。

恰巧，贵阳的夜晚，下起了雨。

二

这次的备课强度，让我想到了五年前刚入行的时候。

这已经不是我第一次这么干了，我逐渐发现我的神经是很木的，在痛苦和挑战前来时，我从来不会怯懦，就算对手再强，我也会盯紧目标，不允许自怜。

但等到了终点，往往人就脆弱了。

记得我刚开始当老师的时候，一天十小时的课，每天除了上课就是备课，回到家改课件；第二天又是四个班十小时，满满的课，一个寒假我被折磨得死去活来。

等所有的课全部结束，我看到上过的课表和走过的校区，眼睛就红了，心想：我竟然跑了这么多校区？上了这么多课，我怎么熬过来的？

那一刻，所有的困难开始历历在目，在终点回头看时，才会有种暖流激荡起来。

三

我比较喜欢完成了任务后再稍微矫情一下，总觉得那种矫情能让我更好地面对接下来的挑战。但其实并不是每个人都这样，许多人是在压力当中崩溃了。比如有同学在准备考研时，不是考完后发泄，而是在考前两个月就崩溃地号啕大哭。

仔细想想，这样是划不来的。因为你哭完之后呢？还有两个月呢！

这任务还是要继续啊！你这哭完，士气都没了，还怎么考呢？与其这样，还不如不要分心，一心一意地坚持，把痛苦变成一种习惯，有些苦，持续一段时间就麻木了。

日本作家古川在《坚持，一种可以养成的习惯》中写道："一旦大脑认定某种行为跟往常一样，就会拼命地维持这种行为。而习惯，就是把重复的行动化为无意识的行动。"

养成习惯需要时间，在养成习惯前，一旦意识到自己此时此刻很痛苦，号啕大哭，之前的坚持可能就白费了。

四

记得刘震云老师讲过一个故事。村子里，他的外祖母割麦子的速度总是比别人快，当她割完麦子时，一些大汉才刚刚割了一半。后来，刘震云问外祖母，为什么她总是最快的，是有什么秘诀吗？

外祖母说："因为我从来不直腰。"

因为一个人直了一次腰，就会有第二次，也会有第三次，接着，就会一直直下去了。

我想起有一次陪一位朋友跑马拉松，印象很深刻，在马拉松的终点有好多泪流满面的人，他们感叹自己终于坚持下来了。

那一刻，所有人都为他们开心。

可是，我在路上也看到一些跑跑停停的人，有些人还边跑边自拍、边跑边流泪，这当中的很多人都没有坚持下来。因为哭也是耗力的啊！

有时候，一个人坚持了一半就号啕大哭是不明智的，那样自怜的感觉，甚至有些作秀的意味，要知道，所有的坚持仅仅是为了到达目的地，只有到达目的地后的流泪，才有意义。

所以，理想的方法是跑到终点再哭，接下来，你怎么哭都好，怎么流泪都没问题，因为那些泪水都是给你的奖励。

把事情做到极致，钱不过是身外之物

一

我和主持人程一在郑州见面。

那场活动人山人海，他刚瘦下二十斤，戴着面具和粉丝见面，粉丝很热情，还有个女生想摸他。

我感叹着，这么多年了，他还是那么受人喜欢。

想起刚认识他时，他是个陪无数人入眠的电台主播，这么多年过去了，虽然他依然是电台主播，但不一样的是，那天，是一个特别的日子。

两小时后，我们大汗淋漓地到了后台，他摘掉面具，开心地说："龙哥，今天很特别，我觉得发布会很成功。"

我说："今天确实是个特别的日子。"

因为就在这一天，程一电台进行了第一轮融资，红杉资本领投，他的电台估值 1.5 个亿，终于，他的公司不缺钱了。

他告诉我，他要搬到一个大办公室，招更多的员工，他要把"陪伴"这件事做得更好。

很多人不知道这件事情对他有多么重要，曾经，我们在北京有一群小伙伴，都是各个行业中的佼佼者，靠着自己的技能有了一席之地，这些人中有些是作家，有些是导演，有些是名人。

几年前，我们聚在一起，我和程一应该是最穷的，考虫还没有融资，程一电台也没有和资本打交道。

就在前几年，我多次跟这群小伙伴说，千万不要着急变现，因为我们这群人是专才，要把事情做好。要明白，只要把事情做得足够好、足够极致，钱不过是身外之物，会滚滚而来。

但大家都不相信，一年内，开公司的开公司，做知识付费的做知识付费，卖广告的卖广告。那一年，我觉得所有人都在赚钱，有些朋友甚至被资本绑架了：有些开始了微信公众号的日更，只是为了多接一些广告，多赚些钱；有些开始每天给别人开课，把课程的单价提得很高；有些开了自己的公司，开发了许多赚钱但口碑不好的产品。

只有我们俩，在用心地做内容，他一心一意把"陪伴"做到极致，我一心一意把课教到最好，书写到最好。

一年后，有些朋友的人设崩塌了，有些开课再也赚不到钱，有些把公司开垮了……

而我和程一的公司越办越好，也都分别融了资。我的稿费越来越高，考虫也从几个人的小团队变成了几百个人的大团队，三轮融资后，我们已经做好了上市的准备。

后来，我们再次聚会时，大家都在抱怨着现在不好赚钱，困惑着接下来要做什么，只有我们俩没说话，因为我们很清楚，接下来依旧要不忘初心，把内容做好，做到极致，做到不可替代，哪怕一开始不赚钱。

至少，这条路会走得很踏实，而且会带我们走得很远。

在我回北京后，程一给我打电话，说："龙哥，直到今天，我还是很感谢你当初告诉我的那句话：把事情做好，朝着目标看，钱不过是身外之物，而且会滚滚而来的。"

说完，他狠狠地笑了笑。

二

我在签售的时候，总有学生问我："龙哥，我快工作了，你给我什么建议呢？"

我说："我给任何刚毕业的大学生的建议都只有四个字：勿忘初心。"

因为这世界上有多少人开始工作后就盯着钱看呢?

可是,你会发现一个很有趣的现象:那些总是盯着钱看的人,往往赚不到钱,相反,你把目光移开,盯着目标,把事情做好,资本自然会找过来。你需要做的,无非是挑选相对善良的资本,找到适合自己更好地发展的资本,让自己把这件事做得更好。

但多少人走着走着就忘记了自己为什么出发,一头扎进了赚钱的道路上无法自拔。有趣的是,这条路越走越迷茫,有可能自己在某一年忽然赚了很多钱,但很快就走到了头,后面的路该如何走,迷雾重重。而人这辈子,还有很长的路要走,还有好多的日子需要工作。

许多刚毕业的学生问我,工作后需要做什么。我的建议是两条:

第一,利用好下班时间,下班的生活决定了你一生。

第二,永远不要忘了自己为什么出发,不要忘了自己靠什么立足。

赚钱很重要,但一定是自我实现后的附加品,人一旦为了赚钱而工作,工作就会特别无聊,也走不远。钱应该是为人服务的,不应该是人的终极目标,人应该找到工作的意义,同时,要让钱为自己服务。

德国作家博多·舍费尔在《财务自由之路》中说:"不要当一台赚钱的机器,要拥有一台自动为你赚钱的机器。"

书里还说："你所饲养的金鹅越多，它们下的金蛋越多。"

对于刚毕业的大学生和创业者来说，好的产品和无可替代的技能，就是为你赚钱的那台机器和那只金鹅。

还是那句话：利用好这些技能，把事情做好，把工作做到极致，钱自然就会来。

三

博多·舍费尔还有一本书是《小狗钱钱》，这本书是写给孩子的一本理财书。书里说："把精力集中在能做的事情上，这个决定让一个孩子完全有能力比成人挣到更多的钱，因为成人经常把一生的时间都用来考虑他们不能做的、没有的或不知道的事情上。"

如果你观察身边的人，这种人比比皆是。

这个时代一旦出现了什么新的名词或者新的商业模式，就有无数的人冲过去，然后更多的人摔了个四脚朝天。

比如我的一位作家朋友，一看到微博火了就入驻微博，微信火了就入驻微信，后来他就光入驻了，忘记了自己立足的本质是写出好文字。好的文字，无论放在哪个平台，都不会差。

人在这个时代的注意力越来越丧失，导致每次我们看到一个新现象和新事物，就会投入大量的精力从零开始。

有些年，IP概念兴起时，许多人问我为什么不去做一个什么"知识 IP"，我说，我都不知道这是什么意思。

有一次，我和几个编剧参加了中日编剧论坛，一位日本编剧问我们："什么是 IP？"

我们一齐问："不是你们那里传来的吗？"

日本编剧说："我们也不知道。"

后来我们发现，每个人对 IP 的理解都不一样。

我逐渐明白，我们有时候特别喜欢造词，造了词之后，就重新洗牌，其实无论世界怎么变，你抓住本质就没问题。

比如电影重要的是故事，故事讲不好，什么大 IP 都没用；比如谋生靠的是技能，没有技能再怎么包装都没用；比如赚钱靠的是专长，没有专长，花多少精力去炒作也没用。

但多少人都不明白这个道理，注意力被带着到处走，到头来，把自己的路越走越艰难，还不知道为什么走到了这一步。

四

有一年，宋方金一直在攻击"大 IP"这个概念，他说：如果不回到故事本身，再大的 IP 也会死得很惨。

果然，由日本的一系列 IP 改编的电影都失败了，《深夜食堂》《解忧杂货店》无论是口碑还是票房都很糟糕。

有一次我问宋老师为什么要这么反对大 IP，他说他其实不反对大 IP，他反对的是为什么大家都忘记了电影的核心是故事。

果然，无论是《战狼2》还是《红海行动》都不是大 IP，但却是好故事，最后口碑和票房都有着不错的成绩。

这句话点醒了我，我也忽然明白了，我们总容易本末倒置，关心了一些不重要的东西，忘记了事情最核心的本质。

就好比我们那群小伙伴，都是一些技术型人才，大家本来在自己领域可以做到出类拔萃，但却在另外的道路上渐行渐远，最后忘记了自己赚钱能力的核心，在不归路上越走越远。

作家不写书，总在做知识付费；导演开了个公司，做起了管理；演员不演戏，卖起了衣服……

偏离本质，当然只会越走越累。

其实，抓住事情的本质是一件多么重要的事情，但多少人把注意力偏离了自己应该拥有的主线，一开始还会因为新奇，兴奋一段时间，但走着走着，就忘记了自己为什么出发，然后迷茫地待在路口，手足无措。

五

这就可以解答另一个问题：如果我不喜欢现在这份工作、这个专业，我应不应该换工作去做另一份工作？

答案是别着急。

别着急放弃自己在社会上立足的本质，理性的方法是骑驴找马：先别放弃自己这番事业，能谋生的同时，利用下班的时间打磨自己的一技之长。

接下来，等这一技之长比之前的技能还要厉害的时候，就可以考虑换职业了。

因为你立足的本质发生了变化。

我刚开始写作的时候，是不能靠这个为生的，我一边上课一边写作，直到连续出了几本畅销书，等到可以谋生了，上的英语课也就可以少一些了。

但其实，如果你听过我的课，你会发现，我直到今天都没有放弃教课，每节课的质量还是很高，原因很简单，我没有忘记我立足的本质。

我从来没有担心过赚钱，因为当你把事情做得足够好，资本不过是身外之物，你不会担心，更不用担心。我想，这就是"就算这个世界再怎么变，手艺人永远有一口饭吃"的原因吧。

所以，如果你还在大学读书，请一定要记住：大学四年，磨炼出一技之长是十分必要的。

如果你已经开始工作，无论怎么折腾，都请不要忘记自己立足的本质，把事情做到极致，钱不过是身外之物。

学习的假象

在网上，你订阅了十多个专栏。

但凡谁来讲课，你都买来听听。

你还买了几十本书，每本都是干货满满，据说可以令你有所提高。

你还预约了好多讲座。

下载了一堆公开课。

你注册了许多学习网站，有时间就听直播，没时间你告诉自己也要听录播。

你还下载了好多 App，决心把英语搞定。

…………

你为学习花费这么多，为什么还那么焦虑，生活还是没有任何改变，还是觉得自己什么都不知道？

以上是许多人在学习中常常遇到的问题，原因很简单，他们混淆了一个概念：**消费等于学习**。

这个时代，有太多人充满着知识焦虑，他们选择了用自己的收入去购买一部分知识，从而改变命运。

但千万别忘了，**消费只是第一步，消费不代表学习，学习就是学习，消费是门槛，学习才是核心**。

就好像我在当老师时，一位学生和我的奇葩对话：

学生："老师，为什么报了你们的课，我还是没有考过四六级？"

我问："对啊，你觉得为什么呢？"

学生："可能是因为我没听吧。"

二

你知道世界上第二高的峰是什么。

你知道什么剧又火了。

你知道相对论是怎么回事。

你知道谁又出轨了，谁又结婚了。

你知道东知道西，可是，知道这么多怎么没用呢？

这是学习的第二个假象：**认为知道等于知识**。其实不是，知道就是知道，但凡不能变成实用的，变成知识晶体的，都不能算作知识。

知道了一堆，有些只是谈资，有些连谈资都不算。

我第一次去波士顿时，我姐姐在波士顿已经两年了，她带我逛城市的著名建筑，在介绍那些景点时，她口若悬河，我却后背冒着冷汗：这些东西，我在书里都读到过，为什么见到后却全然不知呢？

后来我明白，我只是知道这些知识，从未想过何处会用到它们，从来没想到这些在脑子里只是知识碎片，而不是知识晶体。

那些知道的东西，都像碎片一样占据在脑子里，只有结成晶体的，才是有用的。

知识晶体这个词，最先来自斯坦诺维奇的《超越智商》，里面讲，我们要学会把知识进行**迁移、联系、总结、输出**，当你发现这些信息成了块，也就完成了从信息到知识的转变。

三

再来分享第三个假象。

在我们考虫平台上，曾经进行过一个统计，听直播的同学，比听录播的同学四六级考试通过率足足高了 50%。

难道直播和录播讲的内容不一样？

难道直播会多一些和老师互动的机会吗？

都不是。

再举个例子，我们身边总有一些人，十分好学，他看到别人学吉他了，自己立刻去学吉他；看见别人报了课程，自己立刻也报了一个；看到别人订了个专栏，自己马上跟上。

可是，他们学习的效果总是不好，为什么？

原因很简单，他们是因为恐慌而学习，并不是因为需要而学习。

这就是学习的第三大假象：**主动学习比被动学习要重要得多**。

看直播的和看录播的同学的最大区别，在于他们是主动学习还是被动学习，直播时，你决定不了开课时间，只能提前准备，端坐在电脑前准备上课。

这样积极的状态下效果往往能好很多，但凡你告诉自己可以听录播，就会永远地拖延下去，直到考前。

主动学习的优势，在于有明确的目标。

比如我表达能力提高最快的时候就是当老师的那段日子，因为每天都要讲课，所以逼着我不停地读书，逼着我不停地去表达，也逼着我不停地去学习，用**输出倒逼输入**。

我无路可退，重要的是，这种学习是主动的，而不是被动的。

所以，那些喜欢思考的人，往往学习更好。

那些喜欢发问的人，往往学得更快。

那些喜欢表达的人，往往学得更深。

因为，这些都是主动学习。

四

学习的最后一个误区，是关于坚持。

我写过一篇文章，《如何在一年里成为一个牛人》。其实里面的核心就是两个字：坚持。

所有的学习，都是坚持。

我从初中时开始学英语，一直到今天，已经十多年。

在读军校时每天都拿半小时坚持早读，坚持对着空教室练习演讲，三年下来，我拿了北京市英语演讲比赛的季军。

后来我问了许多行业中的高手，他们都是一群聪明人用笨功夫，死磕着每一天，坚持写作，坚持健身，坚持唱歌。

一开始，他们靠着毅力坚持，后来就习惯了坚持，也就没那么费劲了。

一开始觉得有进步，后来就变成了能力和技能，如影随形地伴随着左右，成为身体的一部分。

坚持，是所有美好的来源，它很慢，但无比真实。

愿你学习愉快。

PART 2

总在进步的人，从来不会老

我也逐渐明白了人为什么要奋斗，
我们之所以在年轻时那么努力地奋斗，
仅仅是为了以后，可以做体面的事，
认识体面的人，体面地过每一天。

提高自己的边界意识

一

台湾地区的作家林奕含在写下《房思琪的初恋乐园》后，就离开了人世。得到消息后，我连夜看完了她的采访：一个花季少女，饱读诗书，却选择了这么一条不归路。

那天夜里，我坐在电脑旁看完了整本书，一句话忽然从脑子里蹦了出来：这世界有一个奇怪的现象，总是等到作者离开世界，人们才去读他的作品。这社会还有一个奇怪的规律，总是等到人以命相逼，才意识到事情不小。

可惜的是，林奕含再也听不到那些支持她的声音了。

这本书写得很用力，可以看出，她在用生命书写和回忆。看完后，我的头皮发麻，是什么扭曲的力量，让她把性侵写得像爱情一样。

于是，我在网上搜索了不少新闻，忽然明白，性侵这件事情和校园暴力一样，一直发生在我们身边。只不过有些是当事人不愿声张，不愿发声，就当作这些事情不曾发生，伤害他们的人也就一直逍遥法外。

这篇文章，我不想强调立法和严惩的重要性，因为它们当然很重要，我想理性地分析一下"心理边界"的重要性。因为从小学到大学，我们没有一门课程在教孩子，什么叫心理边界。

所以，在这个社会，你总会发现一些人，不尊重别人的边界，也没有自己的边界。

我们喜欢说"咱俩谁跟谁"，但实际上，你就是你，我就是我，人和人之间，因为有了边界，才有了你和我。

你是否有过或者遇到过这样的情况：

时常迁就别人的想法；

总是被人要求做这个做那个；

特别在意别人的想法；

不好意思说"不"，无论什么时候；

就是想无休止地对别人好，无论别人怎么对你。

如果你频繁中招，想必在你心中，也没有"心理边界"的概念。

二

所谓心理边界，在心理学中也被称为"个人边界"，是指个人所创造的边界，通过这个边界，我们可以知道什么是合理的、安全的和被允许的行为，以及当别人越界后，自己应该如何回应。

心理学把心理边界分为三个年龄阶段：

第一个阶段是 0—5 个月，人觉得自己和妈妈是一体的，心理学称为母婴共同体。

第二个阶段是 5—10 个月，人会发现除了妈妈，还有另一个世界和别人，于是，人们开始学会拒绝，比如孩子会表达"我不要"。

第三个阶段，就是建立自己的边界，于是，人有了"我"的概念。

可惜的是，许多人，直到今天，都还没有"我"的边界。

曾经一个学生问了我一个问题："龙哥，我妈妈不让我和现在的男朋友在一起怎么办？"

我在深入调查后，惊奇地发现，这个所谓的"孩子"，竟然已经二十七岁了。

我不禁开始发问，一个二十七岁的"孩子"，为什么还不知道自己想要什么？或者说，还不能自主地做决定呢？

在和她的交流中，我发现字里行间透着一些信息：她十分听话，而且，明明知道妈妈错了，还是会无条件地听妈妈的话。

从小，妈妈就看她的日记、信、短信，有时候甚至帮她删短信、删好友，久而久之，妈妈什么都过问、什么都建议，到最后，什么事情都要替她做主。

我忽然明白，这个二十七岁的"孩子"，竟然还生活在第一个心理阶段，她和母亲完全没有任何心理边界，两个人紧密地联系在一起。

震惊之余，我仔细想了想，现在有多少年轻人是这样的状态？那些离不开母亲的人，那些"妈宝男"，一边怪罪于妈妈太严厉，一边无法为自己负责。

我想起六岁那年，母亲看我的日记，我在一旁竟然脱口而出："不准看，那是我的隐私。"

我妈吓了一跳，因为她不知道我从哪儿学的。

我也吓了一跳，因为我也不记得我从哪儿学的。

就这样，我在那么小就设置了心理边界。试想，当妈妈看你的日记你没有反应，下一步当然是看你的手机，下一步当然是删你的短信，再下一步当然是干涉你的未来。

同理，当一个老师碰你头发你没有反应，下一步当然可能碰你胳膊，碰你腿，碰你其他地方。

我没有为什么人辩护，我要说的是，我们从小就应该有一种边界意识，这种边界感要从小建立，一旦接触，就应该坚决说不，这是保护自己的最好方法。

那有人问，如果因为这样，得罪了一些朋友该怎么办？

要记住，一个不尊重你边界的人，也就是不懂尊重的人，在一次次交流无果后，这样的朋友，离开就离开吧。

三

小时候读到殉情的故事时，总会感叹爱情的伟大，可是，随着长大，越来越明白，难道别人不爱你了，就一定要死吗？那些为了谁去死的人，准确来说，就是缺乏明确的边界意识。

两个人应该有彼此的界限，就算是相爱，也应该有彼此的空间和属于自己的隐私。

几年前，我在昆明的酒吧认识了一个女孩，女孩的手腕上有一道用刀割的印记。

她二十岁时，谈了恋爱，看到男朋友有了新欢，就立刻提出和他结婚，后来发现老公出轨，又着急和他生了孩子。她生孩子的时候，才二十二岁。结果，老公不仅没有收敛，还动不动就家庭暴力。

在一次次绝望后，她选择了最愚蠢的方式——割腕，好在被抢救了过来。

看似让人震惊的爱情故事，她和我讲时，自己泪流满面，不停地说着自己不容易，爱情没有归宿的话。

一开始我还挺震撼，回到家我忽然意识到，这个女孩什么都好，就是没有"我"。

叔本华说，"我爱你"的前提一定是有一个"我"。她没有自己，也没有和那个男人之间的边界，男人有新欢的时候她没说"不"，男人出轨了还没说"不"，男人家庭暴力了还不说"不"，谁会喜欢一个没有边界不懂得尊重自己的姑娘呢？

后来我去昆明签售，那是两年之后的事，才知道她离婚了，自己一个人带孩子，这个男人偶尔也会来看孩子，但她觉得这样的距离舒服多了。

她的生活，开始恢复了平静。

她用了两年，找到了自己和他的边界，也找到了自己的边界。

其实，要重新树立自己的边界本身就需要一个漫长的过程，需要足够的决心，从小事做起。

而成长，实际上就是从拥有自己的边界开始。

四

世界上许多人际关系都是从边界模糊开始变糟糕的，当然，许多人也是从边界模糊变好的。

讲了这么多边界的重要性，还是要补充一点，心理学还有一个名词，叫"边界僵化"，意思是无论是谁，永远按照自己设计好的边界来。

倘若你真的喜欢一个男生，真的想要和一个朋友升级关系，想要和闹翻的亲人破冰，适当地突破边界其实也未尝不可。

许多感情的升级，就是从突破边界开始的。

比如轻轻触碰喜欢人的胳膊，比如悄悄说上句情话，比如不经意的一个暗示，感情就升级了。

当然，边界这玩意儿就是这样，你要学会保护自己，同时不要冰冷冷地生活；你要学会注意安全，同时学会敞开心扉；你要防范坏人，同时要把新朋友的初始设定成好人。

当然，你会说，这很难。

是，生活本来就如此。

别把你的低情商当成直爽

一

世界大了，什么人都有。

这些天的晚上，我都在北京的每个角落里跟不同的人吃饭、喝酒，饭局里，满满的都是故事。

讲一两件事，与你分享。

一天，我请了十几位好朋友去一家公司吃饭，公司的老板也是我的朋友，但那之后，我再也不去了。

这十几位，要么是教育界的牛人，要么是作者圈的大咖，都是圈子里很有声望的朋友。我们到了他的公司，期待看到一桌饭，可是，他叫了个外卖，点了五个菜。

没错，十几个人，吃五个菜。

五个菜，十几个人吃。

我问他就这么几个菜啊？他说，这不还有烤串嘛……

那张桌子很长，五个菜显得很孤单，左边放了菜，右边就什么也没有。

大家第一次见面，有些甚至都不太熟悉，也很难站起来吃，最要命的是很多人吃不了辣，而桌子上所剩无几的几个菜里，全部有辣椒。

空空的桌子，空空的话语，只有几瓶酒，谁也不愿干喝，气氛显得十分尴尬，接着，这位朋友竟然问大家："为什么不吃呢？"

大家体面地说："不饿。"

的确，大家还能说什么，只希望时间快点儿过，结束这个不该有的饭局。

每个人的面前，甚至没有一个体面的碗，拿一次性的饭盒盖子，勉强地垫一下，夹了的菜，要么掉到桌上，要么强行越过许多菜放进嘴里。

怎么样吃，都不体面，于是，大家选择了不吃。

人就是在这样的选择下逐渐变得不体面的。

我看出了大家的尴尬，毕竟人是我邀请的，于是我拿起手机，点了一些菜，还请快递小哥送来了碗。

那顿饭，才像个样。

那是我第一次吃饭吃到一半，戛然而止，转身离开的。

当天晚上，我也在日记本上写下一句话：**新的一年，希望不要再如此不体面，这是最后一次，引以为戒。**

这些年我不喜欢甚至痛恨那些不体面的场合，反感不得体的人，但总有人跟我说，我这是直爽啊，没注意那些细节。

是的，你可以说你直爽，**但你不能把你的不体面当成直爽，你不能光把自己爽了当成直爽，真正的直爽，一定在体面之上，一定会考虑到别人。**

二

第二天，我在家里摆了家宴，请了我的几位好朋友，我怕不够吃，还点了只烤全羊。

这家烤全羊的服务十分周到，不仅送到家，服务员还帮你把炉子和炭送来，帮你切好，但美中不足的是服务员只会等你到九点，然后就收走炉子。

也就是说，我们只能吃到九点，要么九点前吃完一只羊，要么浪费掉。

我们又陷入了一种尴尬的选择中，这样的选择，十分不得体。

服务员就这么站在我们身边，准确地说，站在我家里，看着我们吃，听着我们聊，十分尴尬。

两分钟后，宋方金有些坐不住了，他对服务员说："小哥，你为什么不走呢？"

服务员说："我要等您把羊肉吃完，我把盘子拿回去啊。"

宋方金说："那我们怎么可能九点前吃完呢？九点后也吃不完啊，我们不知道能吃到几点呢。"

服务员说："那怎么办？我把炉子拿走，您这边可以自己热吗？"

宋方金说："这样，我把你的炉子买下来，你告诉我们价格就好，另外，你先回去吧，这样你也不用等了，我们也能安心吃，你看如何？"

服务员笑了笑，说："您要炉子干吗啊，大不了我再等您吃完呗？"

宋方金说："不用麻烦，太晚回去，也不好。"

说完，他掏了钱，买下了两个炉子，总共一百六十元，服务员很感动，提前回家了。

有趣的是，我们也不用在九点前非要逼迫自己吃完一只烤全羊，我们慢慢地吃，等到炭火烧尽，羊肉还热着，我们吃到半夜，喝到尽兴，聊到星星闭眼。

宋方金老师是个十分体面的人，他的直率世人皆知，有时甚至犀利，但他永远体面，永远不会把人陷入一种尴尬的选择中。

比如，每次跟人吃饭时，总有主人问宾客一个特别尴尬的问题：你是吃鸡肉还是鱼肉？

宋方金永远说，都来一份不可以吗？如果你没钱请客，我来请啊!

人不能陷入这样矛盾的选择,一旦进入这样的选择,无论怎么选都不体面。

你可能会说,不就是一顿饭吗?至于吗?

首先,从一顿饭能看出这个人的思维构造和处事逻辑。

另外,谁告诉你一顿饭不重要的?

三

宋方金说过一句话,令我很感动,他说:"每天晚上我们的聚会时间是固定的,这个时间甚至我们都无法陪伴家人,这个晚上在时间的长河上,仅此一回,没有第二次。既然如此,为什么不开心地过呢?为什么不跟好朋友过呢?为什么要不体面地过呢?"

他的这句话给了我很深的感触。

于是,我在新年那天,发了个朋友圈,我说:"**我希望在新的一年里,有我的地方,永远物质极大丰富,永远精神极大富足。北京的夜空里,只要有我的地方,我和我的朋友,都能体面地吃每顿饭,做每件事,活每一天。**"

体面,真是人一辈子在追求的事情。

这些年,我总能见到不体面的人,做着不体面的事情,然后拿着这种不体面,当成直爽。

前几天，在一次作家圈聚会时，进来一个朋友，也算得上是知名作者，一进来就摆出一副自己特别牛的样子。

他不知道的是，这里坐着的人，每一个都比他厉害太多。

我在介绍大家认识时，他开始出言不逊，每句话都透着一种高高在上的不舒服感，接着，他竟开始满嘴脏话，说着一些令大家尴尬的语言。

有人介绍这位是著名的自媒体人，他说："我没听过啊。"

我听着不对，就问："你没听过，难道就说明他不著名吗？"

接着，有人对他说："之前去过您公司，还给您留了本我的书。"

他说："哦哦，我知道，没翻开，在桌子上呢。"

几个来回后，他基本上已经得罪了所有人，于是我终于按捺不住了，抵触他的情绪不停地爆发着，但我还是体面地微笑了一下，保持着沉默。

半小时后，他自己无趣地走了，朋友跟我说："尚龙，他就是这个性格，直爽嘛，你别太介意。"

我说："这不是直爽，这就是情商低。"

所以，请不要把情商低当成直爽。

四

这世界上有很多人，用直爽的外衣包裹着情商低的躯体。

我曾经写过《再好的朋友，也经不起你过分的直白》，许多你以为的直白，就是情商低。

真正的直爽，基于体面之上，基于不伤害别人，基于为别人考虑。

情商高的人，也会直爽，但不会令人反感。

每次听到别人把情商低的人说成直爽时，我都会想，难道情商高的人，不配直爽吗?

不为别人考虑，再直白的语言、行动，永远都不会体面，说白了，这不过是自私罢了。

当然你也可以说，没钱啊，怎么体面；买不起炉子啊，怎么体面。

所以，我也逐渐明白了人为什么要奋斗，我们之所以在年轻时那么努力地奋斗，仅仅是为了以后，可以做体面的事，认识体面的人，体面地过每一天。

并非所有人都有资格善良

一

前几天我帮公司筛选简历，发现一个有趣的现象：许多人的简历上都写着一句话，我是个善良的人。

这句话引起了我的深思。善良真的这么廉价吗？

或者说，真的每个人都有资格善良吗？

在婚姻介绍所和朝阳公园，所有的家长都会说自己的孩子善良，可是，善良到底意味着什么？

想着想着，我走到天桥上，看到了几个衣衫褴褛的乞丐跪在地上要饭，我习惯性地把手伸进了口袋，却发现这次没有带钱。

我仔细看了看他身边，好像也没有二维码支持微信支付，于是，我转身离开。

忽然，一个想法涌入心头：**善良是需要成本的。**

我想起朋友的一个故事，朋友儿子五岁，上幼儿园前，朋友多次跟孩子说：千万不要和别人打架，别人打你你也不要还手，记得保持善良。

几天后，儿子被人打得鼻青脸肿回来了。

朋友十分生气，这才明白，这已经不是第一次了，之前，谁欺负他儿子，儿子都不还手，甚至不跟家长、老师说。

朋友恍然大悟，于是带着孩子学习了散打和跆拳道，并且告诉孩子，以后谁打他，他都要还手。

有一天，孩子的老师给朋友打电话，说："你儿子在厕所里把四个孩子打得鼻青脸肿，怎么回事？"

朋友好奇地问："四个孩子打我儿子一个人，难道还是我儿子的问题吗？"

老师一想，还真是四个打一个，这不是校园欺凌吗？不过四个打一个还没打过，也是不容易。

所以，无能为力的老师说了一句："下次让他别下手这么狠了，要学会善良。"

朋友说到这个故事时笑了笑说："**看来只有强者，才配说善良。**"

二

他的这句话让我很震惊，因为我没想到他的话颠覆了我对善良的认知，也让这个理论应验到了我的生活中，让我明白了：**善良其实是有成本的。**

"二战"时期，大家认为辛德勒是一个善良的德国人，我们会认为拉贝是一个善良的传教士。

因为当他们手握生杀大权依旧选择救人性命时，那才是一种伟大的善良，那种善良，才是发着光的。

普通人也有善良，只不过就显得脆弱了不少。

当一个人是弱者时，所有的善良，似乎都只是伪善，或者，是他不得不善良而已。

我也明白了，善良的本质，是强者的特权。

所谓善良，应该是刽子手抬起却没有落下的刀，应该是强者最后的留情，是得理者能骂却收回的言语。

三

强者从善，更难得。

电影《驴得水》里有个铜匠，他本身是个淳朴简单的人，原来的生活，只是赚个钱吃个馒头，很容易满足。

直到他变成了吕得水，直到他拥有了掌握一整所学校里的人的命运的条件，瞬间，他的善良成本高了许多。

于是，他从善的条件很简单，就是要剪掉一曼的头发，伤害那个曾经伤害过自己的人。

历史上这样的人很多，比如晚清的太平天国，在起初时领导者承诺大家有粮食分田地，承诺大家美好生活近在咫尺，可是当大权在握，领导者有了更多行使的权力时，原形毕露，善良也就不再。

所有曾经承诺的辉煌，都变成了鲜血，染红了大地。

再比如来自农村的官员，在他还是小村庄的孩子时，连一只鸡都不舍得杀害，因为他知道善良很重要。

可是当他位居高职，能支配的东西越来越多时，他的善良成本变高时，他的善良便有了条件，他就不愿意表达自己的善良了。

至少，自己不会再随时善良了。

所以，强者才有资格表达善良。

难得的，不是一无所有时的示好，而是散发光芒时，依旧一心向善，不做坏事。

四

所以，到底什么是善良？

我的理解很简单：善良是强者的特权，是需要成本的行善。

一个人一无所有时，从善没什么值得赞扬的。

可是当一个人足够强大，却依旧选择不伤害别人，依旧选择不把快乐建立在别人的痛苦上，依旧选择做善事，选择爱和自由优先，选择相信陌生人，选择对别人好的态度。

这样的人，才是善良的人，这样的善良，才值得称赞。

只有利益和成本足够大时，才能看到一个人是否是真的善良。

所以，去成为一个厉害的人，然后永远勿忘初心、永远向善，才是让世界变得更好的方式。

格调，毁掉一个人

"当一个人停止进步，就开始产生格调，格调让他排斥新事物，从而更加停止进步，接着，恶性循环，他的圈子越来越小，格局越来越窄，到最后，一无所有。所以，要进步。"

这是几年前，我写给自己的一段话。

就让我从一个故事开始。

一

我曾住在剧组参与拍摄电视剧《新围城》，位于北京东六环的一个郊区，偏僻荒凉，人烟稀少。在我们旁边，是一片施工地，许多民工忙碌着，来来往往。

一天中午，我和宋方金老师出门觅食，才知道这附近只有一家餐厅，桌子摆放得乱七八糟，菜品价格不高，饭菜量大，服务糟糕，但附近的民工弟兄都在这里吃饭。

我和宋老师走进餐厅，服务员的态度先震惊了我们："自己找地方坐！"

坐了大概十分钟，竟没人理我们，我请服务员倒水。那个服务员抱着孩子，明显是老板的亲戚，她狠狠地说："等会儿！"

吓得我不敢说话了。

又过了几分钟，服务员终于拿来了菜单。

宋老师吃饭有个习惯，永远物质极大丰富，尤其是和我吃饭，总是点得很多，这样菜量够，可以慢慢喝酒聊天，不急不躁，很舒服。

他看完菜单，和服务员说："你拿支笔记一下吧！"

服务员看了一眼他和我，凭经验说："不用，你点，我能记住。"

我心想，坏了。

果然，宋老师点了四个菜、两碗面，还有主食。

这一下，服务员有点震惊，说："什么？"

显然，她没有记住。

宋老师继续坚持："你要记一下吧！"

服务员也坚持："不用！你再说一遍！"

第二遍后，服务员走了。

直到我们吃完盘点桌子上的菜时，才发现果然少了一个菜，结账的时候，也就少付了一个菜的钱。

埋单时老板收钱，看到没上的菜，自言自语地问了句："怎么没上呢？"

显然，他后悔自己少赚了那份钱，可是，已经来不及了。

走出那家餐厅，我使劲地回头望了望里面的摆设，又看了一眼那个服务员，忽然多了许多感叹，至少，我们再也不会来这家店了。可是，他们一年下来，少收了多少这样的钱啊！

有多少顾客，再也不会来了啊！

我忽然明白了，为什么他们永远在这个位置，不可能搬到四环、三环甚至二环，**因为他们的思路，决定了阶层，这世界，最可怕的，是认知固化。认知固化，决定命运在哪儿。**

我又看到了那个服务员抱着的孩子，心想：孩子啊，**等你长大，一定要明白，当人停止改变，停止进步，格局就会越来越小，格调就会越来越高。无理由的格调高，必然毁掉一个人，所以，要进步，要改变。**

想到这里，我多了许多难过和无奈。

显然，这个服务员，自己把自己活出了狭隘。

二

一个人一旦停止了进步，总拿经验去决定和行动，就会牢牢地把自己控制在舒适区，并且，让自己的区域越来越小。

还会莫名地增加自己的格调，觉得自己特别厉害，看不起别人。

我的另一位朋友，原来是英语老师，后来到了美国读书，有一天，他从美国回来，我问他："最不舒服的是什么？"

他告诉我："唉，到了美国，才知道自己英语有多差。"

这位朋友原来是英语名师，英语文学专业的硕士，跟我参加过好多次英语演讲比赛，英语是大神级别的。

可是，为什么去了美国，发现都听不懂、说不清呢？

刚开始当老师时，他申请教托福，教了一年，嫌累，跟主管申请，要来教考研，后来觉得考研压力大，再次申请教四六级，后来六级都不教了，直接开始教四级，一教就教了三年。

那些年，他四级讲得越来越熟练，甚至忘记了继续学习，但他觉得很好，毕竟，在课上万众瞩目是很厉害的。

就这样，每次见面，都能看到他身上的格调和高调。

自然，也就停止了改变。

三年过后，他到美国交流，发现自己的词汇差不多是四级词汇量了。

站在路上，什么也听不懂，最可怕的是他一直觉得自己很厉害，都不敢当别人面查词典问路。

他惊得一身冷汗，然后考了一次托福，分数不及格。

好在，他幡然醒悟，一边工作，一边好好学习，最终还是考了个不错的成绩。

他后来告诉我：真要学习啊！不改变，不进步，还觉得自己牛哄哄的！牛什么呢？

三．

我想起一位母亲跟女儿说过的一段话："**原来以为日子往低处活容易，后来发现，你越往低处活，低层次的人就越多，你受到的阻碍都是低层次的，反而往高处活，遇到的圈子都是高阶层的，大家对鸡毛蒜皮的事情不感兴趣，自己活得也容易得多，可惜的是，我知道这个事情时已经晚了。**"

心理学有个观点：当你开始过度在乎自己拥有的，而不去追求自己没有的时，你拥有的就会越来越少。接下来，你就会更加在乎自己拥有的，从而拥有得更少。

当一个人不进步了，只剩下自信和品位，格调占了生命的主题，悲剧就来了。

我的朋友尚兆民曾经说过一段话让我很有感触，他说："我三十二岁那年，正该追求稳定时，卖掉了车，卖掉了房，因此，我才感悟到，世界还有更大的空间让我去追寻，我可不想把自己牢牢地控制在那样的状态中。你看看周围有多少人，天天开车，拼死还房贷，就是为了证明自己的阶层，其实，他们早就一无所有了。"

他在最稳定的时候，从体制内辞职了。

那一年，他埋头苦读，奋笔疾书，出版了畅销书《所谓情商高，就是会说话》，成功跨界。

每次我和他喝酒，他总是会感叹："**人啊，要总是觉得自己格调高还不错，其实他就是'死'了。**"

最近，他又辞职出去旅游了，我知道，这是他打开世界的另一个方式：永远不知足，永远扩大自己的生命圈。

四

阶层虽然在固化，但个体从来没有固化。

你总能见到这个时代有一个人，或者几个人，通过自己的努力，实现了财务自由，跳到了另一个阶层。

但改变生命的人，永远是少数，甚至是极少数，这些人不用固有的经验去判断这个世界，相反，他们在读书，在进步，在改变。

愿你成为这样的人。

"免费"背后的逻辑

一

从一个故事开始：

我记得那天气温 35℃，我冲出被空调环绕的办公楼，直奔地铁。毕竟，长痛不如短痛，与其慢慢地被蒸桑拿，不如飞快游出澡堂。

可是，一个现象让我停止了步伐。离我不远处，一条长队正在缓慢地往前移动。

"这么热的天，这些人在排什么队呢？肯定是很重要的事情吧。"

当这个疑问浮现出来，我就走了过去，只见队伍的前方，写了几个大字："免费领取 ×× 冰激凌一支。"

我仔细看了眼这条长队，忽然意识到，这是一次明显的商业行为，因为队伍的外面，有许多照相机正忙碌地拍照。第二天，这些照片就会登到各大营销版面来证明这家冰激凌店有多火，人们多么喜爱。

　　可是，这么炎热的天气下，为什么会有这么多人不辞辛苦地排队呢？其实，也很简单，因为"免费"，因为不花钱，因为可以占便宜。占便宜是人类的天性，这点，谁也逃不掉。

　　我快速走到了队伍的前方，留意到，送冰激凌的服务员动作很慢，他一边让顾客填表，一边包装、寒暄，有时候还故意停顿下，明显是要故意拖延速度，好让照片上的人显得更多一些。

　　天热得我喘不过气。我站在队头，看着他们一个个拿着冰激凌快活的样子陷入了沉思：他们真的占了便宜吗？他们真的"免费"拿到了一支冰激凌吗？

　　我忽然想起了一句话："免费的东西最贵"。想着想着，我明白了：一支冰激凌的价格虽然没有用金钱来结算，背后的代价可真不小。这些排队的人不仅搭上了时间和个人信息，还给人免费做了广告当了背景，这些代价，远远比那支价值十几块钱的冰激凌要多得多。想到这儿，我也终于理解了那句话："免费的东西最贵。"

　　我不禁感叹，这真是一次完美的商业营销啊。

二

克里斯·安德森在他的著作《免费：商业的未来》中举了几个例子：比如，所谓买一赠一，就是打五折的另一个说法；所谓内含赠品，早就把赠品的成本计算到了总价中，就好比网上的包邮，邮费早就包含在了价格里，根本不存在赠送。

还有一种著名的商业模式，叫"羊毛出在猪身上，狗埋单"。

好比你看的电视、收听的广播都是免费的，但之所以免费，是因为广告主已经付过钱了，而你，也早就被卖给了广告主，你早晚也会买那些长期打广告的产品。

所以，许多免费，其实并不是免费，只是不用钱的方式交易罢了，消耗的是其他更重要的东西。而商业中的一条铁律是：免费的往往是最贵的。比如你打开视频网站，只要不买会员，看片当然是免费，但你就要忍受前面几十秒的广告，还有动不动突然跳出来的产品，这些时间成本，计算起来，一点也不比会员费低。

当我们弄清楚这些东西时，也就能逐渐明白，所有写着"免费""赠送"的东西，背后都有一套复杂的商业逻辑。我们可能确实不需要交钱，但要用其他的方式支付，这些支付的成本可能是个人信息，可能是时间，当然也可能是注意力。

这些东西，不用钱，但都值钱。

曾经有一位编剧给我讲了一个故事。他说，在八九十年代，学校门口最火的跟文化有关的产品是两样东西——盗版漫画书和盗版DVD。

其中，最受欢迎的，是欧美日韩的产品：日本的漫画、韩国的音乐、美国的影视剧。而且，那些盗版的价钱十分便宜，有些甚至一元都不到。当时孩子们不懂，只知道便宜，于是，大家疯狂地看着《泰坦尼克号》，刷着《低俗小说》，听着听不懂的歌词和优美的旋律，完全不知道这些和盗版有什么关系。

随着时间的推移，这些电影、漫画、音乐深深地影响了一代人；有些故事甚至变成了这些孩子的价值观，根深蒂固，无法改变。

这位编剧回忆：忽然有段日子，国家开始打击盗版，而且很严格，一段时间后，盗版的内容就很难找到了，直到今天，盗版越来越少，但那些受到影响的孩子长大了。他们发现，自己只喜欢看日本的漫画、听韩国的音乐、看美国的影视剧，他们的价值观，变成了消费观，过去欠的钱，全部偿还了过去。

直到今天，我们仍然是欧美日韩的电影电视剧、漫画、音乐的最大消费国，当年的免费文化，却培养了一批付费的粉丝。

他给我讲的这个故事令我毛骨悚然，也让我对"免费"二字有了更深刻的理解：这个世界，钱很重要，但比钱还重要的，其实是你的时间和注意力，这些东西，决定了你的价值观，从而会改变你的消费观。

三

克里斯在《免费：商业的未来》里说：商业世界里，免费的精髓，就是"二段收费"：第一段，是某些企业先用钱，买断了你的注意力、朋友关系、未来需求。

第二段，你拿着钱，去购买这些所谓"免费"的产品。

当你成为"免费"的一部分，也就不愁你不会"付费"了。

比如你去看那些网剧，前几集都是免费的，当你沉迷其中，纠结万分地想知道后面发生了什么时，不好意思，付费的时候到了。

类似的例子还有很多：

比如你玩《王者荣耀》已经到了钻石级别，想要再上升，不好意思，不买新装备、新皮肤，就是打不过别人。

比如你听了首免费的歌，被感动了，但音质太糟，如果你想听更高质量的歌曲，就要掏腰包了。

比如你在网上看了这本书的一半，正到高潮，戛然而止，可以掏钱了……

这世界上的所有免费，都指向了商业，所以，当你看穿这个逻辑，就会逐渐明白两条重要的逻辑：

1. 年轻时多赚点钱没错。

2. 永远不要廉价出卖自己的时间和注意力。

四

最后，再讲一个故事，故事的主人公是一个穷苦的音乐人，当然，他现在已经不穷了，因为他开了自己的餐厅。

我听过他的歌，旋律很美。

这个从中央音乐学院毕业的大男孩，竟然没有从事音乐，而是开了一家餐厅。

我问他为什么要放弃音乐开餐厅，他说了两句话：

"我得活下来啊！"

还有一句是"又不是我一个人放弃了。"

是的，从音乐学院毕业放弃音乐这条路的人数不胜数，原因只有一个：这条路不赚钱。

因为过去，我们听音乐几乎是不花钱的。

所有的音乐都是免费的，而且，我们已经习惯了免费听音乐，甚至谁要是收费，都会引来骂声一片，说什么"他变了"。

也正是因为这样，越来越多的人发现：做音乐就等于穷死，等于入不敷出。于是，许多人在坚持了几年后终于放弃，也就这样，我们这个国家损失了太多音乐人才。

免费的，果然最贵。

我了解做一首歌的流程。之前，我和一位音乐人徐哥做了一首歌叫《回不去的流年》，从写词到制作到进录音棚，我们花了三个月，共计三万多元，这些钱，我们一人一半平摊了。

直到今天，这首歌还没有上传到网上。

有很多人问我为什么不上传。

因为我明白，如果我们不收费，就相当于告诉大家，音乐就是免费的，这个榜样，不能树；但如果我们收费，很多人还不太明白背后的逻辑，心想，音乐不是免费的吗，凭什么要收费呢？！

所以，我想了很久，就先不上传吧。

直到今天，和我一起做音乐的徐哥已经很少创作新的歌曲了，他开始做商演，给电影配乐，给节目做音效，因为这些事更赚钱。

我们免费音乐背后的代价，是一个个人才的流失。其实，这代价人到吓人，它意味着，更多音乐人离开了自己所在的领域，去了别处，更多好的作品，不会被人听到。

这样的代价，相比下来，太大，也太沉重了。

同理，盗版书和免费的电子资源对作者的伤害以及免费的盗版课对老师的伤害又何曾停止过呢？！

这真值得我们反思了。

学会管理自己的注意力

一

这些日子，我发现身边许多人开始玩"抖音"。

不玩儿不知道，一玩，我彻底着迷了。

我躺在沙发上，用指头一次次地划着，要么笑嘻嘻，要么色眯眯，一转眼，就到吃午饭的时候了。我看了看今天的任务单，叹了口气，安慰自己：有些事就放到明天去做吧。

第二天早上，我不受控制地又拿起了手机，刷着刷着，又过了一小时，直到弹出一个广告，我才停了下来。我忽然意识到一件可怕的事情：为什么我被这个软件控制得死死的，像吸毒似的着了迷？

我意识到了一件事，其实不仅是我，如今，越来越多的人被社交网站、App、短视频操控了，不知不觉就把大量的时间花费在了里面。

从微博小视频到秒拍再到抖音，科技一次次更新，却总指向一个目的：让人沉迷。我曾经写过：在大城市里想废掉一个人，最好的方式，就是给他 Wi-Fi。现在再下载个抖音，如果还有个外卖App，一晃，一天就过去了，再一晃，一个月就过去了……

那些为我们提供方便的工具，正在潜移默化地控制着我们，让我们着迷，让我们把美好的生命一次次地浪费其中。

二

脸书的创始人之一肖恩·帕克曾经在接受采访时说："每当有人给你照片点赞或评论时，你便获得一次'多巴胺'的快感。"

多巴胺的分泌生理机制，其实和吸毒一样，都是刺激大脑中同一个区域，但一个会我们警觉，另一个我们却毫无意识，照单全收。

人之所以会上瘾抖音，第一是因为视频内容不可控，因为不可控，就总能带来惊喜。第二是因为视频很短，十秒钟左右就要出干货，就要让人发笑，要让人印象深刻，抖音把我们的时间更加碎片化。把整版的时间碎片化，是深入思考最大的敌人。

最让人流连忘返的就是那些来自陌生人或者熟人的赞和转发，试想，每次着迷，不都是因为对那些即将到来的赞和转发有期待吗？

这样的即时反应，最终让大多数人都沉迷其中。

肖恩·帕克曾经在《卫报》上表示："社交网络的建立并不是为了让我们更加亲密无间，而是为了分散我们的注意力。"

为了达到这一目的，社交媒体的架构师利用了人类心理的弱点，帮助你分泌多巴胺，提高你的兴奋感，逐渐让你到达上瘾的阶段。

当注意力被捕获，钱就来了。

凯文·凯利在《必然》中说："今后，人类注意力的流向，就是金钱的流向。"

于是，在人们一遍又一遍刷着网页、更新着朋友圈时，广告就来了，商业就植入了，消费就来了。于是，金钱开始被控制了。

工具从提供方便变成了操控自己，人类的意志逐渐薄弱，变成了人家说什么就是什么。但可怕的是，许多人都不知道自己最贵的其实是注意力。

微博的热搜永远是那些明星，连笑一下、换件衣服都上了热搜，我百思不得其解，谁会搜索这些东西呢？后来有一次，我和一位明星聊剧本时，她忽然说等一下，拿出手机回了条信息，然后不好意思地跟我说："经纪人问我要不要买条热搜。"

那时我忽然意识到，为了抢夺人们的注意力，背后都是各种复杂的商业逻辑，而我们却永远廉价甚至免费地出卖着自己的注意力，这才是一桩不折不扣亏本的生意。

所以，我们越来越不知道自己想要什么，活得越来越模糊。大数据算准了我们的喜好，给我们继续强化那些他们认为我们感兴趣的信息，我们逐渐被那些信息流牵引了人生。

三

注意力到底多值钱？

作家吴修铭在《注意力商人》中有一个故事：

最早的报纸很贵，只有贵族才能买得起，属于小众市场，许多人可能一辈子都看不到一张报纸。直到 1833 年，本杰明·戴创办了一份自己的报纸《纽约太阳报》，后入场的他，为了打败那些先入场的报纸，竟然只卖一美分，当时很多人问他："你这连印刷成本都不够啊！"可是，当他的报纸开始流行，发行量上升后，他开始靠着广告赚钱。后来，本杰明·戴成为传媒业的鼻祖，也成了有钱人。

这样的逻辑，在哪个时代都适用，从广播到电视一直到博客、微博，甚至到今天的微信公众号，有流量的地方就有广告，有注意力的地方就有消费，技术变化了，但人们注意力廉价的事实，从未发生改变。

我们就这样一次次无知地被收割，直到成为习惯。

吴修铭给了两个建议，一个是购买会员去除广告，另一个是使用广告拦截软件上网。

但这些都远远不够，因为这些治标不治本。

四

在我教课的八年里，给学生上过四六级听力课。我发现，学生最大的困扰不是英语单词量少、基础差，而是注意力涣散，听着听着就开始胡思乱想，没有真正集中注意力在听力上。

于是，明明听到了老师讲的重点，但开小差过去了，还归因于自己基础不好。

心理学有一个概念，叫"心流"，就是当你全心全意做事情时拥有的一种状态。

但是，当你走进大学校园，你看到的都是学生们一心多用的状态：一边听课，一边玩手机；一边读书，一边听音乐；一边恋爱，一边打游戏；现在，一边聚会，一边刷抖音……

太多的人，已经忘记了高三时那段专注的时光，忘记了上一次产生心流是什么时候。

其实，当我们聚会时，当我们陪家人时，当我们读书时，当我们写作时，放下手机，一心一意是一个很聪明的举动。

当我们长期把视觉、听觉、触觉分开，看似很节约时间，却很容易养成三心二意的习惯，心流也就逐渐地消失了。

想要在这个时代提高自己的幸福感，放下手机是第一步。

想要真真切切地提高自己某项技能，专注是最重要的。

米哈里在《心流》里讲了一个故事：

一个小伙子爱上了一个姑娘，两个人在一起后，他的工作忽然忙碌了起来。而且，他拼命工作的状态挤占了他每周固定的登山时间，当登山队队友因为他长期不参加集体活动抱怨时，他又产生了和姑娘分手的想法。他的注意力不停地随着新出现的情况变化，这些一次次的切换，消耗了他大量的注意力，久而久之，他崩溃了。

心理学把这种状态称为"内在失序"，也就是所谓的崩溃。

但思考一下，身边有多少人一直处于这种"内在失序"的状态呢？

他们一边做着 A，一边做着 B，最后得到了 0。

五

《心流》这本书给出几个提高注意力的建议：

1. 要有清晰的目标。不要三心二意，同时占用自己的视觉、听觉等多个渠道。

2. 即时反馈。每做一件事，都要有一个反馈的机制。

3. 挑战难度和能力匹配的事情。太简单和太难，都容易让自己开小差。

但我的建议更简单，其实，我们可以稍微离开手机，离开社交网站，离开时刻被打扰的世界，建立一个自己不被打扰的状态。

我记得从去年起，我就把电话设置成了勿扰模式，尤其是我在闭关创作的时候，干脆把手机关机了，这样就收不到任何人给我发的信息了。但闭关不等于闭塞，每天晚上八点，我准时打开手机，用一小时回复完所有的信息和电话，接着投入新的工作中。

我记得那段时间心情很好，因为自己一直在注意力高度集中的状态中，许多朋友一开始抵触，后来在我的坚持下，慢慢了解了我的习惯，也就尊重了。

这种状态，帮助我写出了《刺》，直到今天，我都很怀念那段孤独不寂寞的时光。

关于社交媒体，你可以做一些改变：不用注销，但控制使用它的时间，比如在用它前看看表，给自己定个十分钟放松时间，时间一到，立刻关闭。

工具是给人服务的，不是控制人的。

你要主动使用它们，而不是被它们拖着走。

一个人的注意力是这个时代最重要的东西，你不去管理自己的注意力，就会被人代管，当被别人代管自己的注意力时，它也就不值钱了。

远离那些强盗逻辑

我生平最讨厌三句话。

"一个巴掌拍不响""可怜之人必有可恨之处",还有"苍蝇不叮无缝的蛋"。

在我开始反校园暴力后,发现了一件特别诡异的事情:总有学生跟我讲:"老师,你知道他平时多坏吗?你别看他可怜,但可怜之人必有可恨之处。"

每次听到这里我都气不打一处来,是的,人家可怜,你也没怜悯人家;人家可恨,也轮不到你恨,何况,你欺负别人的时候自己就不可恨了吗?

如果你细心观察，会发现，苍蝇不仅会叮无缝的蛋，还会叮无痕的人，只要站在垃圾堆里，苍蝇就会毫无理由地叮你，不管你是谁，不管你有没有问题，苍蝇就在你身边。所以，你会发现总有些人进入了职场、校园，他虽然没有做什么，但就是被欺负了，被骂了，被攻击了，甚至被打了。然后攻击方说："苍蝇不叮无缝的蛋。"

说这话的人，还没有意识到自己已经变成了苍蝇。

最不能忍受的就是那句"一个巴掌拍不响"，每次看到这种人，我都想把他叫过来，然后亲切地冲着他脸上扇一个大耳光，然后不好意思地说："响了。"

后来，我逐渐发现了，生活中有太多经不起推敲的强盗逻辑，比如父母那句著名的"我都是为你好"，比如网上那句："不是你撞的，为什么要扶？"

所谓强盗逻辑，就是本身没有逻辑，只能靠当强盗，才能让逻辑通顺。

于是，我决定把生活里的那些强盗逻辑写下来，分享给各位，我们不仅要避免这些逻辑，更要远离那些常常持这些观点的人，愿你们明白，生活处处是陷阱，而我们，在善良的同时，也需要时刻清醒。

一、先定结论，然后倒推证据

正常的逻辑，应该是从证据出发，找到证据链，然后得出结论。

但你仔细看看网上的一些言论，它们是反过来的：

人肯定是你撞的，要不然你为什么扶呢？

你一定长得难看，要不你的头像为什么不敢是自己呢？

这事儿肯定跟你有关，无关你为什么刚刚发了评论？

你这么多话，一定很寂寞吧。

……

这些言论都犯了同样的错误：先认定一个结果，然后再去找证据支撑白己的观点。

其实，随着我们年龄增长，越来越容易犯这个错误：我们只读自己认可的文章，只相信自己同意的观点，看自己赞同的书，我们认定了观点，再去寻找证据支撑我们认定的观点，久而久之，我们的世界就越来越小了。

二、循环论证

2002 年，在一群少年被指控谋杀一名小童的审讯中，检察官的陈词里用了"毫无悔意"一词。可是，你仔细思考会发现，如果他们没有杀人，就根本不存在"毫无悔意"这个词。

后来，宣告被告无罪。

所谓循环论证，就是用来证明论题论据的真实性需要依靠论题来证明的逻辑错误。

生活里这样的错误很多，比如，你经常会听到有人告诉你，只要你足够努力，就能成功。

如果没有成功，就说明你没有足够努力。

如果成功了，就说明你足够努力了。

其实这种逻辑的破解方法很简单，称为具象化。

比如，什么是足够，你有数据告诉我吗？比如背诵多少个单词，比如做完多少套真题，比如持续多少天的练习？

再比如，古时候很多人去庙里求子，大师会告诉你，你要足够虔诚，就会有孩子。

如果还是没有怀上，大师就会说，你还不够虔诚。

如果怀上了，大师就会说，你看，你虔诚了。

所以，你的解决方案应该是问大师：大师，什么才是足够虔诚呢？能具体化吗？比如我要烧多少香，我要磕多少头，我要捐多少钱？

当具象化了这些词，这样的逻辑，也就不攻自破。

三、以偏概全

人对这个世界的理解，很容易简化，于是，总喜欢用个体代表群体，以偏概全，准确来说，星座就是这么干的。

比如白羊座好动，狮子座爱生气，摩羯座内心戏足，但是，是真的吗？

我们总能找到许多特例去反驳，世界之所以美好，不是因为群体怎么了，是因为每个群体都是由一个个特殊、特别的个体组成的，而我们特别容易因为个体否定群体。

比如一个老太太摔倒了，你扶她去了医院，她说你撞的，下一次你还会扶吗？

大多数人不会了，因为在他们的心里，老太太这个群体，要敬而远之。

但理性的答案是，下一次，你还要扶，但你要看看是不是之前那个老太太。

再比如，你被一个渣男甩了，还会不会恋爱？

理性的答案是，还会，但不要再跟这个渣男恋爱。

以偏概全的错误，会让我们丧失更多美好，而分清个体和群体，能让你更幸福。

四、诉诸权威

先分享一条新闻：2018 年 5 月 2 日，美国斯坦福大学教授阿克斯·乔丹在推特上发了一条信息："吃大豆有助于治疗癌症。"你的看法呢？

先声明，这是一条我编的新闻，斯坦福大学没有什么阿克斯·乔丹。

你有没有发现，一旦信息中有斯坦福大学、剑桥大学、麻省理工学院这些权威学校，可信度一下子提升了，不仅如此，如果再加上一个具体时间、一个具体的名字，相信这一切就显得特别真实，为什么呢？

是因为人喜欢诉诸权威。

其实判断一条信息是真是假，动手搜索一下就能消除不少谣言。

比权威谣言更可怕的其实是跨界权威。

前段时间，我还看到了一本书的封面上写着"××明星推荐"。说实话，吓了我一跳，因为这位明星在音乐领域是专家，但在文化领域可不是专家啊。

但我们都弄混了。

所以，跨界的权威和权威是两个概念，而且很多权威都在自己擅长的领域花了大量的时间，相反，他们没有太多时间在其他领域进修。

所以，权威可以相信，但不要盲从。

五、你弱你有理

马云没少被逼捐和被"键盘侠"批判。天津港爆炸事件之后，网友纷纷在网上"逼迫"马云捐款。有的网友甚至出言不逊，表示如果马云不捐，他迟早会身败名裂；还有的网友表示，马云要给牺牲的消防战士家属捐款一百万元；"不捐个几亿都对不起他的身份""你捐了就等于我捐了"。

这些言论其实都表明了一个逻辑：我弱，所以我有理。

事实上，一个人弱不一定有理，有理和强弱无关，我们首先需要自己变强大，然后，需要明白，弱小强大和有理没理是两件事。

遇到这种人，其实你可以用《满城尽带黄金甲》里的一句台词回应："朕给你的，才是你的。朕不给你，你不能抢。"

六、诉诸公众

你回到家，妈妈说，你看大家都结婚了，你是不是也应该结婚啦！

你父亲说，大家都报培训班了，你是不是也不能落后啊！

你说，大家都报了这个班，所以我也要报。

可是，真的吗？

大家都怎么样，你就应该怎么样吗？

人的本性就是从众的，当大家都怎么样时，你的基因就像被激活了一般，投入了大众的怀抱，可是你是否忘记了，这个真的是你个人想要的吗？

大众总是透着一种"正确"的含义，但真理却时常掌握在少数人手中，我想，这就是教育的重要性：要时刻提醒自己独立思考，要对自己发问自己到底想要什么，而不是被众人带着走。

我想，这就是互联网时代，我们更需要学会的思维理念。

远离批评家人格

一

古典老师讲过一个故事，有一天全家在吃早餐，他妻子说："小满（孩子）好聪明啊，天蝎座的人成大事的概率最高。"古典老师是一个反星座的人，顺口回了一句："第一，你有数据佐证吗？第二，什么叫大事，你能定义吗？"

接着，你懂的……

一顿早餐，就这么毁了。古典老师也很后悔，家是一个应该讲爱的地方，不应该讲理。

其实这样的例子很多，尤其是每次上网，总能看到一些人在你刚发的微博、朋友圈下面，提出自己的见解。提出自己的见解无可厚非，但你发现，有些人总是习惯性地对别人的生活指手画脚，对别人的作品评头论足，对别人说的话大肆批评，刷存在感，这样就越界了。

这种人格，被称为批评家人格。

他们往往潜伏在互联网上的每个角落，不仅如此，当你观察身边人时也会发现，这样的人无处不在：那些无论孩子做了多么厉害的事情都要批评他们的父母，那些总是和丈夫过不去的妻子，那些总是对公司指手画脚的员工。

二

曾经在一个聚会上，朋友给我介绍了一个批评家。

说实话，那是我吃得最困顿的一顿饭，因为我压根不知道什么是批评家。

我听过画家、作家，甚至听过评论家，但是没听过批评家。我们互留了微信，我还开玩笑："您以后可别批评我啊。"

回到家，我搜索了什么叫"批评家"，发现没有特别明确的定义，甚至历史上也没有留下什么伟大的"批评家"的名字。

久而久之，我开始明白，批评是有意义的，但一个人一旦把批评当成了职业，通过批评来赚钱，甚至提高知名度，这个人的批评就没了意义。

法国启蒙主义大师狄德罗曾经说过，批评家是在"对过路人喷射毒汁"。

我认识一位朋友，他就是典型的批评家人格，什么事情都喜欢批评一番，他的朋友圈几乎不能看，永远是批评这个、评论那个，关键是见解也并不好。

一开始，许多人都以为他的朋友圈和微博一样，是宣传的媒介，后来和他接触久了才发现，他就是这么一个人。

再仔细观察他身边的朋友，他所有的朋友在他面前都不爱说话，因为每一句话都会被反驳回来，甚至对别人的任何观点，他都会毫不留情地说"不"。

久而久之，没人和他说话了，更没人愿意和他聚会了。即使聚会，大家也都听他说，让他自己说。这不仅影响友情，对爱情也是灾难性的打击。

如果一个女孩嫁给了一个"批评家"，或者一个男孩娶了一个"批评家"，那生活一定会出问题：那些盛气凌人、居高临下的批判、批评，注定会造成感情的破裂。家是讲情的，不是讲理的，更不是充满批评、指责的。

一个人和批评家生活久了，每天必然产生巨大的压力，就像背后有一双隐形的眼睛，时时刻刻盯着你看。你能想象你瘫坐在沙发上，忽然有人告诉你你的鞋子没有摆正的感觉吗？

所以，在感情中对于具备批评家人格的人，我的建议是，要么改变他，要么远离他。

<h1 style="text-align:center">三</h1>

我曾经建议自己的公司考虑，千万不要招那些具有批评家人格的人，因为这些人只是在批评，他用一种把自己择出来的状态，评论着每个细节，批评着每一项规定，却从来不提出解决方案。

我曾经写过，负能量是鞭策社会的不公，正能量是鞭策的同时提出解决方案。但批评家只负责批评，不提供建议和方案。所以，批评家人格在公司的角色，绝对不应该是干事，而应该是顾问。这些人，放在顾问和建议的岗位就好。

他们虽然不讨人喜欢，但不得不承认他们的洞察力和表达力都很强，如果让他们去琢磨教研、打磨产品、掌握技术，可能放错了位置；相反，如果将这些人放在公司战略和顾问的位置上就会有很大的帮助。

三国时期的马谡，就是一个喜欢评论甚至批评的人。他具备很多知识，掌握了很多书上的战术，可是一旦进入实践，就会显得一无是处。就像曾国藩说的那句话："可议事者不可图事。"是说，可以谈论事情的人，不要一起做一件事。

所以对于具备批评家人格的人，请一定要和与他保持安全距离——既不会伤害自己，也不会得罪别人的距离。把他放在安全的位置，这点很重要。

可是，为什么会有这么多人，都喜欢评价和批评别人呢?

四

具备批评家人格的人都有两个沟通误区：第一，没有站在别人的角度考虑问题；第二，沟通中带着"暴力"。

英文中把换位思考称为"穿着别人的鞋子"。也就是当你站在别人的位置时，许多戾气和批评就减少了。这就是为什么大人和小孩说话，只要蹲下来，孩子往往都听得进去。

记得，我知道汶川地震时，一名老师第一个逃跑的新闻后，我"批评家人格"的病就来了。可是，很快我又看到了一段他的采访。这位老师说，自己有重病的母亲和两个孩子。那时，我似乎理解他了。其实，我也没什么资格去评价他。

换位思考往往可以避免过分的评价和批评。

另一个误区，是沟通中带着"暴力"。

一个人在陈述事实的时候，会不由自主地增加一些自己的评论与批评；一个人在讲故事时，也会不经意加上自己的道德评价。

《非暴力沟通》中说，语言暴力，来自人的道德评价，道德评价就是用自己的道德标准主观地评价别人。你是否发现，很多人在讲话的时候，都特别喜欢用"我认为""我觉得""你总是""你为什么"开头，这些词后面往往就是道德评价。

对于自己不是特别熟悉的朋友，我的建议是少用这些词。

《非暴力沟通》中说了许多例子，比如，对自己少用"应该""不应该""不得不"，用"选择做""可以做"这样的词。

其实所有的暴力，都可以从沟通中找到润滑，所有的批评家人格也都可以从换位思考中得到缓解。

五

吴伯凡老师曾经在课上讲过一个很有趣的故事：

医生：你好。

患者：好什么好，我要是好，就不会到你这里来。

医生：好，你坐。

患者：你不能剥夺我站的权利。

医生：你有什么病？

患者：你只能说我哪个器官有什么病，你不能说我这个人有什么病。

医生：今天天气不错。

患者：你只能说我们这个地方天气不错，南极和北极的天气不一定好。

仔细一想，这个患者说的每句话都对，但如果我是这个医生，我肯定就打他了。

但你仔细观察，所有的批评家人格都有这个问题，这种问题，古人取过一个名字叫"语欲胜人症"。

有一次，我在签售的时候，遇到了这样的人。在问答环节时，他疯狂地举手，弄得我不好意思不给他提问的机会，但是给了他机会，他不仅不问问题，还讲了半天来补充或者批判我说的一些细节。听完之后，我很无奈。

那天，我听完了他的滔滔不绝，然后问他，你说了这么多，想表达什么呢？

全场都笑了。

然后他面红耳赤地说了句话："我比你强！"

大家又笑了。

生活中也有许多人，特别喜欢用语言来压倒你，他们并不是真的想赢你，而是想赢得争论，他们说得并不是不对，而是场合错了，或者姿势难看，有时候，辞达则止，不贵多言就好。

稻盛和夫在《干法》里说："三等资质，聪明才辩；二等资质，磊落豪雄；一等资质，深沉厚重。"

有时候，一个人的强并不是疯狂地批评、指责、抱怨、评价，一个人的厚重，时常无声胜有声。多一些沟通、多一些换位思考，才能减少伤害。

踏实工作的致富谎言

一

我曾经听到一个故事：

在一个写字楼里，一个文案编辑囫囵地把一份都是错别字的文案丢给了设计师，设计师看到文案，很生气地问这位编辑："你写的都是错别字，让我怎么作图？"

编辑说："大哥，你一个月就那么点儿钱，老板给多少钱，你做多少事不就行了吗？何必认真？"

那位设计师哑口无言，但又觉得有道理，把这件事情讲给我听。

他以为自己赚了点儿工资，却忘记了，**胡乱做一件事情，还不如不做，耽误了自己的时间，影响了自己能力的提高。**

其实，这个世界所有善于算计的人，最终都把自己算进去了，得不偿失。

我想起我当老师的时候，也有过这样的同事，他告诉我："你讲一次课就这么点儿钱，何必要好好备课呢？备课花那么多时间又不算课时费，得不偿失啊！"

我心想，你算得对，但我不这么认为，因为，我认真备课，就相当于把我的课讲了两遍：**一遍为了公司（我赚到了相应的报酬），一遍为了自己（我提高了自己的能力）。**

这样的思维模式，十分重要。

久而久之，我把课越讲越好，课就越来越多，学生越来越认可我后，领导自然找到我，跟我说："小李啊，你的讲课能力很强了，我们讨论后决定给你涨工资。"

工资，一定是随着能力起伏的。

相反，那个同事早就离开了教师岗位，因为他越这么想，越消极怠工，能力越没什么提高，到头来反而浪费了时间。

那时，我意识到一件很重要的事情：**当你把一份时间卖给更多的人，把一份工作做到足够好，财富自由就变得容易了很多。**

二

随着我课程的好评度越来越高，名声也开始在圈子里越来越大，许多公司来给我提供更多机会，并承诺更好的待遇。

忽然，我有了议价权，可以小范围决定自己的工资了。

古典老师曾经说过一句很经典的话："**工资的秘密不是月薪、年薪，而是时薪。**"

那段时间，我的时薪开始涨，我意识到这是第一阶段能力提升的回报。领导为了平衡市场，怕我跳槽，提高我每小时的单价，我能够以更高价售卖自己的时间了。

那年我二十二岁。

每个职场新人的第一个目的，就是从廉价出卖自己的时间变成高价出卖自己的时间。

当提高了自己单位时间的价值，也就成就了财务自由的第一步。

接下来，我们就要学会批发自己的时间了。

还是以讲课为例，同样是一门课，原来我们受到场地的制约，一小时最多只能给几百个学生讲，现在随着在线教育的发展，通过网络，课程可以提供给几千个甚至上万个学生。

互联网是伟大的，可以放大一件好事，但别忘了，当课讲得很差劲的时候，也同样会被放大，所以，真才实学很重要，这是第一步的事情。

好在，我终于可以批发自己的时间了。

三

这个时代一个人的收入和努力根本不成正比，**只是和一个人的不可替代性成正比。**

收入高低取决于你是否有一技之长，是否在这个领域不可替代。

这背后需要耐住的寂寞、忍受的孤独那可就太多了：

你需要在别人玩的时候学习，在别人学习的时候也在学习；

你要每天拿出两三小时打磨这一专长；

你要学会在这个圈子里请教高人，向他们学习；

你需要在上台前一遍遍修改自己的课件，一次次对着墙讲，一回回改变自己的话术……

四

最后，我们谈谈当一个人单位时间单价足够高时，应该做什么。

要知道出卖时间永远是划不来的，因为总有人愿意购买你的时间，换句话说，没有买亏的，只有卖亏的。

所以，当你有了一些收入和积累，就应该学会去购买别人的时间。

这就是许多老板正在做的，他们希望员工加班，希望员工不迟到、不早退，本质上，就是用钱去购买员工的时间。

因为购买牛人的时间，永远是个划算的买卖。

但很多人不知道，依然在贱卖自己的时间，还抱怨着生活无聊、老板小气。

包括那些在写字楼里发呆的人，那些以为做事都是为了老板的人，那些每天只期待午饭盼望着下班的人……

这些人恐怕永远不会财富自由，因为当一个人有了时间概念，明白自己最值钱的其实是自己的时间，懂得人这辈子最终的目的就是不贱卖自己的时间时，他才能真正懂得，所谓踏踏实实地坐在办公室里却什么都没做的人，恐怕失去的会更多。

总在进步的人，从来不会老

一

2017 年，火了一个词：油腻中年人。

这个词诞生后，许多人都开始留意身边符合标准的油腻中年人，不观察不知道，一观察，比比皆是。

我从另一个角度聊，每次去美国，都有一个感受：美国有胖子，但很少有油腻中年男人。

什么是油腻中年男人呢？

就是用自己残缺的人生经历给年轻人指点人生，用一副看破红尘的姿态拒绝所有学习进步的可能，戴着一副眼镜挤着双下巴，拍着肚皮色眯眯地看着来来往往的姑娘的大腹便便的中年男人。

我从一个故事说起：

美国有一位机长，叫萨利。2009 年，他驾驶着一架空客 A320 飞机，刚起飞，飞机就发生了事故，两个发动机因为飞鸟的撞击和激烈的气流全部报废，瞬间，飞机完全失控。与此同时，飞机上所有人也都失控了。就在这样万分紧急的情况下，萨利机长临时决定，在纽约哈迪逊河面迫降。正是这个举动，让全飞机的乘客获救，飞机上一百五十五人无一人伤亡。

后来，著名导演克林特·伊斯特伍德把这个故事拍成了电影，就是著名的《萨利机长》。这个机长，当年已经五十七岁了。

在看完这部电影后，我久久不能平静，不是因为故事曲折，而是感叹这位五十七岁的机长为什么还在做这么高强度的工作：萨利机长曾经在空军服役过多年，专门负责调查飞机事故，还受过水上飞机的训练。加入空军之前，他已经获得了科学、心理学的学士学位和行政学的硕士学位。

这次事故后，他参加了许多电视节目，还出了一本畅销书，都表达着一个观点：虽然自己是个年过半百的人，但他特别喜欢学习，喜欢挑战，喜欢读书。

类似的故事，也发生在另一位机长塔米身上，这是一位五十六岁的女性机长，2018 年 4 月 17 日，西南航空公司的一架客机从纽约飞往拉斯维加斯时，引擎突然爆炸。塔米当机立断，用一个发动机又飞了四十多分钟，然后迫降。最终，只有一名乘客死亡，七人受伤，事后，许多乘客都对机长表示了感谢。

不知道各位是否发现，这些本应该退休的"老年人"，却一直奋战在一线，每天除了工作，还在进步，在遇到意外时，他们利用自己扎实的学识和丰富的经验，度过了一次次危机。

再讲我的一个远房亲戚，今年刚好也是五十六岁，他在一所私立学校工作了三十年，从四十岁起，就过上了每天一模一样的日子：早上晃晃悠悠地去转转，起晚了就干脆不去，然后回到家看电视，晚上和几个朋友喝半斤酒，桌子上满满的花生米和油腻的食物。他每天最有自豪感的时刻，就是偶遇一个晚辈。跟晚辈交流的时刻，与其说是交流，不如说是吹牛。

那些过去的辉煌瞬间，在他一次又一次的吹嘘下，早已暗淡无光，但他还是不厌其烦地卖弄着。

有一次我忍无可忍了，就问他："你怎么不工作啊？"

他说，我都一大把年纪了……

有时候我会想，他的余生使命是不是就是为了把那几个故事传播给更多人知道呢？

二

我忽然想到一句老掉牙的话，有些人活到二十岁就死了，只不过到了八十岁才埋。

仔细一看，身边有多少人，都是这么过的。

他们到了一个年纪，就开始倚老卖老，除了年纪，没有任何值得年轻人尊重的地方。

这些年，我很怕暴露自己的年纪，因为每次说自己是 90 后，总有些中年人开始用自己那套价值观跟我传教。那些言论有时候苍白无力，甚至凸显出无知。

有次，我跟我父亲参加一个聚会，一个四十多岁的中年人知道我的年龄后，立刻变了个样子，开始跟我传教人生观、价值观。

过了许久，我抬起头："您说完了吗？"

他有些惊讶，因为那是我晚上说的第一句话，于是，他惊讶地回了一句："差不多了。"

我说："那您把嘴巴擦擦，嘴巴上有菜叶。"

桌上的人都笑了。

我一直很喜欢美国的一部电影——《实习生》，故事里的一个年近七十岁的老头，叫本，因无法忍受晚年的孤独寂寞，他决定重回职场，成为年轻的创业者朱尔斯手下的一名实习生。他知道自己不熟悉在线交易，更不懂网络公司的运营逻辑，所以，他每天来得早，走得晚，不懂就学，不会就问。

不久，他成为全公司的红人。大家开始抵制他后来接受他，最后都向他学习。

从电影开始到结束，我一直没有感觉到本是一个老人，因为总在进步的人，从来不会老。

三

一次我打快车去开会，快车司机是一位老人，头发斑白，估计五十多岁，他笑容满面地跟我打了招呼。

在路上，我困惑地问他："您是专职开车？"

老人说："我本职在一家德企。"

我以为是家庭困难，才被迫这么大年纪还出来兼职，可是接下来的谈话，让我大吃一惊。

老人说，这是他第一天开快车，就想试试这高科技 App 怎么用，总听孩子说打专车方便，就怕不安全，就干脆自己来试试。

说完，他还笑着跟我吹牛，他现在是 App 小达人，同事不知道吃什么，都是他在网上给他们推荐；他们不知道怎么打扫卫生，也是他给他们预约保洁上门，连安装书柜、沙发这样的 App 都是他推荐的。

老人谦虚地说："我啊，就是喜欢瞎琢磨。"

我说："您不是瞎琢磨，是喜欢学习。"

从外表上看，他是个老人，可是当你仔细想，他不仅不老，还有着一个青春无限的灵魂。

我经常在网上看 TED 演讲，看得越多，就越注意到一个现象：

美国的观众，几乎都是那些"油腻"的中年人，而中国的观众，却是年轻人居多。

那中年人都在哪儿学习呢？

答案是，我们有许多中年人，已经真正步入了不学习的油腻阶段，而正是这样的不求改变，才让他们真正地成为中年人或老年人。

四

最后，我想聊聊"老"的定义。

黄忠七十不服老，带兵作战，屡建战功。

廉颇老矣，尚能饭否？

年岁抵不过时间，但心态和心境，可打败时间，追求永恒。

在写这篇文章时，我也快三十岁了，有时候我会翻看之前的文章，欣慰那时的自己是一个愿意奔跑的少年。我想，随着年纪越来越大，或许也会面临一个问题：跑不动了。

但至少，我要做到不让自己停下来，只要还在往前走，哪怕走得很慢，也要告诉自己，不能停。

时光能让我们变成中年人，但只有我们能决定是否油腻；时光能让我们白头，但只有自己能决定是否要前行。

这句话看起来很鸡汤，但仔细看看身边的人，那些选择终身学习，终身都在受益的人，你还能说什么呢？

请保持收回善良的权利

一

今天看到一则新闻，很震撼：

一个富豪花了两个亿给乡里赠别墅，别墅里各种配套齐全，然而别墅却接二连三地遭到恶意破坏。本村的村民提出，按照原登记户数，不能满足要求，还有人要求自己的儿子也要多分一套，就连户口早已迁出的村民也联名要分房。

于是，本是扶贫的善举，却让村民产生了矛盾，最后，房屋遭到破坏。据悉，现在这个项目已经停止。

有人说富豪是为了投资，有人说是为了赚钱，但我要说的不是这些，我要说的，比这个要大得多：**我要谈谈，什么是善良。**

二

小的时候遇到过一个乞丐，那年我上初一，手上拿着五元两角，一张五元，一张两角，路过那个乞丐时，我想起父母教育我要善良。于是，我弯下身子，递给了他一张绿色的两角。

那时的两角，对我来说是一笔巨款，因为我可以用它在体育课后买一袋解渴的冰袋。

可是那位乞丐愣了一会儿，竟然没有感谢，他指了指我手上的五元，说："你为啥不把那张给我？"

这句话让我尴尬地呆在那儿。

此时，我看了看胸前的红领巾和周围围观的同学，忽然脸红辣辣的，感觉自己特别不好意思，就像做错了事一样，于是，我再次弯下了腰：把那两角也拿走了。

三

后来我把这件事情对我的一位老师讲，我说："我觉得他认为我的善良不值钱，可以随意滥用，所以，我这样做对吗？"

老师对我说了一句话，**"以后遇到要钱的，给点儿饭；遇到要饭的，给点儿钱。"**

这句话给了我很深刻的启发，他还告诉我，**你要明白，你的善良，**

一定要有成本。

四

类似的故事发生在今年过年，我和姐姐、姐夫在朝阳公园抓娃娃，那天运气好，我们抓了一堆娃娃。

我抱着满怀的娃娃看着我姐继续神勇地抓，这时，一个抱着孩子的妈妈走来，她们盯着我姐姐和我，准确来说，是渴望地看着我姐手上的两个娃娃。

姐姐笑了笑，递过去一个小娃娃。

孩子抓着娃娃，又看了看我姐姐，竟然哭了，喊叫着："太小了！我要大的！"

结果那个妈妈做了一件几乎把我吓到的事：她竟然伸手来抢姐姐怀抱里的那个大娃娃。

我很少看到我姐生气，但那天，她还真生气了。她义正词严地说："大姐您要知道，我给您东西不是您应该得到的，您一句'谢谢'都不说，还要抢我的东西，我觉得不合适吧。"

听完姐姐这番话，那个妈妈竟然头也不回地走了。

五

我很担心这件事会让姐姐受挫，一路上我都在安慰她："别往心里去，这都是少数人。"

当我们路过一个十字路口时，她还是笑着给另一个孩子塞过去一个娃娃，孩子很高兴，孩子的妈妈在一旁一直笑着说："快，谢谢阿姨。"

我姐笑着说："叫姐姐就好。"

我知道，她没受到影响。

这就是我对善良的理解：**我们要善良，永远不要因为一两个伤害我们的人，而放弃这世界最美好的品质。**

就比如你遇到一个摔倒的老太太，把她送进了医院，但她讹了你，下次你还扶不扶？我的选择是，当然扶，但我要看看，是不是之前那个老太太。

那有人问，如果又被讹了呢？第三次呢？你扶不扶？

我还是会扶，但我要看看，是不是之前那两个老太太。

我们不能因为个体的恶，放弃整体的善。

所以，我们的善良，应该坚强，应该持久，哪怕曾经受过伤。

六

你的善良，应该有成本，善良不是廉价的，不是一文不值的，更不能讨价还价。

我们应该善良，也应该持续善良着，但你要明白，你的善良即使没有价格，也应该有价值，不能被践踏。

所以，我想告诉你：你需行善，但同时要保持收回善良的权利，尤其是，当你遇到贪婪和邪恶时。

PART 3

永远给生活埋彩蛋

如果说生活有意义，就在于生活里有彩蛋。

彩蛋，能燃起生命的温度。

比如，某天下班后你去吃一顿超辣的菜，

去一个没去过的地方待一段时间，去见一个没见过的人，

看一本一直想读的书，一个人看一部没看过的电影……

这一段段不同的体验，都会燃起你对世界的热情，

有了这些热情，人才不容易老。

永远给生活埋彩蛋

一个朋友前段时间得了很严重的抑郁症，原因很简单，毕业被分配到很偏远的山区，交通不便，无人沟通，工作不顺，无处发泄。

用他的话说，就是那个地方除了鸟叫什么也没有：网速慢，服务差，没有娱乐，最重要的是，那里没有朋友，没有家人。一开始他还能通过电话和朋友、家人抱怨两句，久而久之，他发现根本解决不了问题，他的想法是离开，可是签了三年合同，走了要赔付一大笔违约金。既然解决不了，最后索性电话也不想打了，手机长期关机、停机，回短信速度慢，微信基本不用。他一个人在单身宿舍里待着胡思乱想，接着，整夜整夜地失眠，意志力越来越差，精神也不好，工作效率低，第二天继续失眠，慢慢地，就得抑郁症了。

他开始寡言少语，也很少出去运动，蓬头垢面，生活一塌糊涂，这样过了很久。

一个月前，他合同到期，从单位辞职，决定到北京。我们很开心，毕竟三年不见，于是喝了好多酒，大家聊着聊着，我发现他的变化很大，不听别人讲话，不停地讲着自己想讲的内容，一小时的工夫，他已经抽了一包烟。他一杯杯地喝酒，最后开始失控，疯狂地砸起了桌子上的碗筷，一件件地全部砸碎。他块头大，让我们很难控制住，好在我们人多，一起把他送进了宾馆。

第二天，他睡醒了，问我昨天发生了什么。我说："没什么，你不过是压力太大了，昨天没事吧。"其实说这话时我特别想打他，因为昨天赔了好多钱。他笑着说："不好意思啊，龙哥，昨天完全没意识了。"

当天晚上，我们去 KTV，他再次喝多了，抽完了一包烟，同样的事情又发生了，他和保安发生了口角，接着又砸了别人的杯子和盘子。

把他抬出来的时候，我们焦头烂额，赔光了身上所有的钱，我看着他，突然感觉很陌生，这还是我认识的那个朋友吗？

我们上学就认识，他处世得体，为人积极，喜欢读书写字，英文好，我们时常互相鼓励，为了未来的生活去努力奋斗。可是，到底发生了什么，让他变成了这样狂躁不堪的性格？想到这里时，他在地上又撒泼喊着："烟呢？"

我才发现，他又抽完了第二包。

次日，他起床在群里发了一条信息："昨天我做了什么？对不起大家，我又断片了，还有，我怎么在宾馆里啊？"

后来，我才知道，自从他开始自由后，这样的举动不是一两次了。

在一天早上，他告诉了我答案："龙哥，在那个小地方压抑了三年，不得志，没人说话，没处发泄，压抑太久了，太痛苦，现在好不容易走出来了，我根本控制不住自己内心深处疯狂的呐喊，就总做出格的事情。如果当时能很好地处理情绪，现在可能会好很多。"

我感受到了他的痛苦，也感到了他从一个极端到了另一个极端的性格，他的生活，从抑郁症开始到达了狂躁症。

我忽然开始思考，生活在极端的状态里带来的结果到底是什么？我们要如何给这样的生活一个出路？

二

前段时间，我去了日本，发现走在路上的日本人脸上没有笑容，地铁里从来没有人说话，上电梯都是左行。刚去东京的时候，我开始感叹，这里的人素质真高，竟然很难和侵略中国的日军联系在一起。

他们不仅这样，他们和朋友分别时还要不停地鞠躬。他们长期加班，回家很晚。东京房价贵得一塌糊涂，妻子一般在家不工作，没收入，办公室更没人讲话，不能在大街上抽烟，那里还动不动海啸地震，他们的人性受到极大的压抑。

只有到了晚上，路边的居酒屋里，能听到他们放声地唱着歌，骂着人，嘶吼着。他们喝多后，冲出居酒屋，脱掉西装，几个人勾肩搭背在街边小便，比赛看谁尿得远，这一切就发生在马路边，众目睽睽之下。

我忽然明白日本人在"二战"时做出那些伤天害理的事情的原因了：**长期压抑后的忽然爆发。**

这种爆发，要不朝外，要不朝内。 朝外，变成了侵略，变成了砸别人东西，变成了伤害别人；而朝内，变成了自残、自杀。这就是为什么日本人自杀率在全世界中排第一，从 1999 年开始，日本每年因自杀身亡的人数超过三万，2003 年更是达到历史的最高峰：34427 人。尤其令人担忧的是，日本青少年的自杀率呈大幅上升趋势，十九岁以下青少年自杀率每年以 25% 左右的速度增长，数据令人恐怖。

后来我去富士山，看到一个照相的地方，上面写了一句日语。

我问朋友这是什么意思。他说："不要自杀。"

我当时笑了，说："难道有很多人在这里自杀吗？"

他说："那可不。"

我忽然明白，**长期过分压抑地生活，最后的结果就是让人从一个极端走向另一个极端，在极端中慢慢地终结自己的生命。**

那么，生活把人逼到绝境，而我们能做点儿什么？

三

其实答案很简单：要学会给生活留白，留彩蛋。

读军校时，我患了轻度抑郁，晚上睡不着，第二天又要早起操练学习，长此以往，让我疲惫不堪。

那是段难忘的日子，因为每天晚上都强迫自己睡着。可是，越强迫越无法睡着，明明很累，却无法入睡。第二天还有学习，晚上再失眠，久而久之，人就开始崩溃了。

现在回想起来，我很幸运，那时我讲给一位师兄听，师兄告诉我："谁年轻时还没有几晚失眠啊。"

第二天，他拉着我去跑步。我们围着操场跑了二十多圈，跑到衣服湿透了，跑到倒在操场上。忽然，我莫名其妙爆发了一阵笑声，把师兄笑得毛骨悚然。他问我怎么了，我说："没什么，就是爽！"

当晚，我睡着了，虽然睡得很晚。第二天，我开始正常学习。

师兄又带我去广播站，那是我们学校唯一有女生的地方，我在那里认识了几个师姐，聊了好半天。晚上我开始去图书馆看书，努力找朋友聊天，跟兄弟吃饭，发短信给女生。几天后，我睡着了，也不再抑郁了，开始积极地生活了。

当生活把一个人逼到一个角落时，你唯一能做的就是愤然反击，给自己留下一丝自由的时光，让自己去积极地面对它。其实有很多办法，都能让自己的生活重回光芒。

比如在学习压力极大的时候，你可以找个没人的地方，把音乐打开到最大声，大声喊出来。

比如在工作压力太大的时候，你可以找个能说上话的朋友喝一顿酒，把所有的事情全部讲出来。

同理能解释为什么许多孩子放假回家第一天，父母很开心，第二天，父母还能忍耐，但一星期、一个月后，争吵就开始了。因为，生活又被逼到了一个极端，一个重复却不舒适的极端，那你需要怎么做？

答案很简单，给生活加点儿料，比如早上给爸妈做顿饭；比如晚上睡觉前在父母枕头下面放一封信，上面写着三个字：没钱了（如果你父母不打你的话）。

给生活加点儿料，能给平淡无聊的生活添上调味作料。

毕竟，每个人都想让日子有滋有味。

谁也不想天天吃白米饭，吃到最后，看到盐就想使劲往嘴里扒，从一个极端到另一个极端，人要么缺碘要么齁死。

四

我刚开始理解这个道理的时候，才刚开始工作。每天都加班，上十小时课，上完课回到家，写写东西就睡了。我曾经写过一篇文章《最好的休息，不是睡觉》，说的就是我那个时候的状态。

我相信最好的休息是切换大脑，人分为左半脑和右半脑，一半负责创造，一半负责重复，重复的用累了，可以用创造的那边，都累了，还可以跑步，通过运动让自己兴奋。

的确，这样特别节省时间，一年里，我进步超级快。不仅看了很多书，上课的质量也提高了很多，工作效率高，收入也有了很大的改观。可是问题来了：我一点儿也不幸福。

我的生活，变得只剩工作，没有时间社交，好不容易找了个女朋友，谈了不到一年就分手了，许多朋友多年连电话都不打一个。忽然我发现，生活把我推到了一个只会工作不懂生活的极端，我开始发问，我该怎么找到幸福?

后来，在一天早上，我打开自己的计划本，上面满满的计划都画满了已经完成的黑线。我忽然明白，之所以不开心，是每天都在计划里，生活中少了惊喜，那些期待的喜悦慢慢地消失了，而那些不可控、不确定的东西，正是能让你幸福的因素。

于是，我开始每天晚上九点到十一点不安排事情，而是**去见一个好久没见的朋友，赴一个没去过的约，读一本没看过的书，吃一顿不顾身材的夜宵，看一部一直想看的电影，写一些从来没写过的文字。**

久而久之，我的幸福感回来了。

忽然，我明白了，幸福来自生活中的彩蛋，来自生活的留白。

五

有一部电影叫《天使爱美丽》，爱美丽从小就意识到，生命就是这样：**在你意识到它注定无意义时，还要给它赋予更多的乐趣。**

于是她开始寻找这些乐趣：比如把手插入豆子中，比如去找自己家墙壁缝隙里二十年前的铅笔盒的主人……

彩蛋是这个世界上很有趣的东西。就好比人生如果有两条路，你走了那条没什么人走的小路，你开了个小差，走了几年，回首往事时，却发现，其实路本身就应该这么走。这些路，竟然成了自己的生命。

这些东西，外人看像是理所当然，但其实，这些都是我生命中开的小差。但和任何事一样，**只要做，就要做绝，要不然，就不要去做。**开小差要开，就开好，什么都尝试一点，没有深入，到头来，你根本不是什么满汉全席，而只是一碗麻辣烫。

人为什么要有仪式感

一

我的朋友宋方金老师有个特点，吃饭从来不迟到。

有一次我和他约在了最堵的朝阳公园，还约了下午六点半，我下午五点出发，堵了一小时后，终于在六点半准时到了。

推开餐厅的门，他已经坐在了里面，跷着二郎腿等着大家。

当然那天，就我们俩没迟到。

所有人见面第一句话都是："不好意思，太堵了。"

宋老师斜了他们一眼，说："那你不会早点儿出门啊！"

对方不好意思地笑了笑。

和他认识这么久，我从来没见过他迟到，因为吃饭对他来说，就是一件充满仪式感的事情，说几点到，就几点到。他有一句话："我们这一辈子只有今天一个夜晚，我们甚至没法给我们的家人，只能给彼此，这么珍贵的一个夜晚为什么要迟到呢？"

后来我才知道，那天，他怕堵车，四点多就出门了。

我还知道，如果吃饭的地方很远、很堵，他都会提前做好功课、叫好车，算好路上的时间，总之，他就是不迟到。

所以，电影圈的人都喜欢参加他的局，因为他的局永远是体面的、尊重每个人的、有仪式感的。

二

说到仪式感，我觉得这是个很有趣的词，这个词，也就是这些年才有的。

因为过去，有些人一辈子都没有仪式感，也活得没什么问题。

但你仔细观察，身边的牛人们，几乎都有自己的仪式感。

熟悉我的朋友，知道我几乎每场演讲和签售，都穿一件小马甲，无论多热，都是那一件，只是从去年的灰色马甲变成了今年的黑色马甲，因为灰色已经遮挡不了我油腻的身材了。

为了每场活动都能穿上这件小马甲，同一款式我买了好几件。

为什么要穿马甲呢？

一开始我也不确定。后来有一次，我脱掉了马甲，果然，我就开始莫名的紧张，总觉得好多事情都变得陌生：现场开始陌生，观众开始陌生，连我讲的内容也开始陌生。讲着讲着，我就崩溃了。

那场演讲十分糟糕，后来我总结才知道，当你进入了一个陌生场合，如果不去找一件或者两件熟悉的事物，就会一直紧张下去。

一开始我以为自己是特例，后来问了几个作家和演讲家，他们对待紧张的方法里也都有自己的仪式感。比如他们会在现场寻找一个熟悉的东西，或者先讲一个讲过很多遍的段子，或者把月光集中在一个熟悉的人身上，然后再自由发挥，效果往往更好。

后来，我逐渐开始明白，所有的高手，都有自己的仪式感：

《肖申克的救赎》的作者斯蒂芬·金每次写作的时候，都会在自己的办公室。他办公室里的每样东西都不能乱动，连摆放顺序都不能变，这样的固定仪式感，让他一开始写作，就能瞬间进入状态。

帕瓦罗蒂在上台前，不管在哪一座剧院演出，都会在地上寻找一颗弯头的钉子，如果主办方没有准备，无论多高的报酬他都不会去。

范·海伦乐队的主唱大卫·李·罗斯在每次演唱会前，都会让主办方在后台放一碗巧克力豆，并且要求主办方把棕色的巧克力豆挑出来。如果没有巧克力豆，或者看到了棕色巧克力豆，他就会当场取消演唱会。

这世界上所有的高手，在面对自己擅长的专业时，都会表现出自己的仪式感，而且，都显得十分"矫情"。

说是矫情，其实是对自己专业和领域的尊敬，这种尊敬，才让他们成为高手。

三

其实不仅是工作，生活也一样，要多一些尊重，多一些仪式感。

读书时曾经读过犬儒主义的故事：古希腊有一个哲学家叫第欧根尼。他提出一种理念，认为人在这个世界上不需要太多东西，也不用那么多雄心壮志，可以像狗一样活着。有一次亚历山大大帝去见第欧根尼，发现他正缩在一个坛子里。

亚历山大问："有什么我能帮助你的吗？"

第欧根尼说："请别挡住我的阳光。"

我个人是反对犬儒主义思想的，因为一个人活在世界上，不能仅仅让自己处于一种原始的舒适状态。因为人这一辈子很长，而快乐的时光很短。所以生活里，我们应该给自己多一些期待，多一些美好，多一些意义。

法兰可在他的著作《意义的呼唤》里说："当他们被关进纳粹集中营时，竟然有一批人，每天不抱怨、指责、寻死，相反，他们用猪油擦亮皮鞋，用玻璃片刮掉胡子，他们想办法维持日常生活里的仪式感，最后这些人，竟然都活了下来。"

《小王子》里曾经说："它让某一天不同于其他的日子，某一个时刻不同于其他的时刻。"

而人就是发现每时每刻生活的不同，从而发现了生命的精彩。

有仪式感的人会认真对待生活，他们给生命埋下彩蛋，他们不愿意循规蹈矩、重复地过着每一天，他们尊重生活，生活也会给予他们回报。

四

认真对待生活的人，生活至少不会欺凌他。

我在上课时发现了一个现象，两个孩子同时听一门网络课，一个穿好鞋子和衣服，认真地坐在图书馆；一个穿着拖鞋，蓬头垢面地待在宿舍。一个戴好眼镜听直播，一个睡眼蒙眬地刷着回放；一个认真记笔记，一个点击着倍速播放。长此以往，你就会发现，前者比后者要优秀很多。

一开始我不太明白为什么，久而久之我开始明白，这无非取决于你怎么对待这件事。

你认真对待，这件事的反馈就是正向的。相反，你不认真对待，这件事也会糊弄你。

有时候我们需要去触碰生活中更坚硬的东西，因为反弹回来的，就是坚硬的自己。同样，你要多去触碰生活中美好的东西，反弹回来的，也是生活的美好。

这句话听起来很"鸡汤"，很多人会说，我穷得连饭都吃不起了，还和我谈什么美好，还和我说什么仪式感？

首先，我不太相信你穷得连饭都吃不起，就算你真的连饭也吃不起，少了仪式感的生活，只会让你变成一个灵魂和肉体都饥饿的人。

五

最后，我分享一个故事。

我的一位朋友在大学期间花了所有的积蓄买了一部照相机，因此，他饥寒交迫。出生在农村家庭的他，在北京勉强找了一份工作，每天朝八晚五，还要加班。我时常看到他早上七点就在朋友圈里发一张北京人来人往或者地铁里拥挤人群的照片，从他的照片里，我总能感觉到他生活的不易。

他在一家公司人力资源部做助理，刚开始的几个月，交了房租，连饭都吃不起。

2012 年，我曾经劝他回家，告诉他北京不适合他，因为他生活成这样太难了。但他总说，再等等。

和他见面的几次，他每次都带着那部相机。显然从外形看，相机已经大修过好多次，小修过无数次。但每次离别前，他都跟我说："你坐好，我给你拍张照片。"

后来我才知道，无论生活多么艰难，他一直带着那部相机，走着、拍着，停着、拍着，跑着、拍着。每次他拿出相机的时候，眼睛里总是透着光，那些小小的仪式感，让他在这座城市里看到了希望。

2015 年，他拍的一张人像获了一个国际摄影大赛的一等奖，奖金是人民币三十万元。

终于，他逆袭了。

他拿到奖金的时候，我们几个好朋友在中国人民大学西门的大排档喝得酩酊大醉。我把他给我拍的所有照片拼接了起来，对他说："你看，我这是不是也能获奖？毕竟模特好看。"他笑了笑，忽然哭了，他哭着说自己运气太好了。

但了解他的人都知道，他哪是什么运气好，是因为他每天的努力和充满坚持的仪式感，终于，他被世界温柔相待了。

我想，这些温柔相待的结果，不过是早晚的事情。

世界才不会辜负那些尊重自己生命、充满仪式感的人呢。

成就你或者毁掉你的，都是那些小事

一

我在武汉读高中时，班上同学最喜欢说的一句方言就是："那又莫样咧？"

这句话翻译成普通话意思是：那又怎么样呢？但方言更增添了一些不屑。

我很讨厌这句话，其实，认真生活的人都很讨厌这句话。

比如谁说自己报了一个补习班，谁又开始学音乐、打篮球了，谁又下课去问老师问题了，你听到最多的话就是另一群人冷嘲热讽或者不在意地说："那又莫样咧？"

一开始，也有很多同学附和："是啊，那又莫样咧？"

果然，一两天，确实没有怎么样。

可是，一个月后，一年后，还真就怎么样了，那些"怎么样"还真的挺"有模有样"。

高二时，我记得班上有一个同学因为来不及回家把古筝背到教室里时，许多同学笑着。这些笑声一直持续了两年，说着"那又莫样咧"，直到这个同学后来考上了中央音乐学院。

我还记得一个个子不高的同学每天晚上在操场练习投篮，被更多人说着"那又莫样咧"，直到人家成了学校篮球队的主力，进入了省队，现在代表湖北省打球。

我不想举那么多例子，这显得很鸡汤。但的确，我从小到大最讨厌的句子之一，就是那句"那又莫样咧"。

直到今天，虽然听不到那句方言了，但也很讨厌那句普通话："那又怎么样呢？"

一个人一旦有了这个思想，离颓废就不远了。

因为他开始不重视小事，不认为小事可以改变人的一生。

而把一个人毁掉，让一个人迅速进入犬儒主义的状态，不在乎一切，还批判别人，最简单方式就是在他最年轻的日子里，植入这个思想："又能怎么样呢？"

二

同样的事情也发生在课堂上。我上课时经常会问大家这个词是什么意思，有人回答得出来，有人回答不出来。你总能发现那些人不屑一顾的样子又来了：回答出来还不是在上课？知道这个单词一定能过吗？不知道又能怎么样呢？

是啊，不知道确实不能怎么样。

可是你是否想过，如果每个问题你都这么对待呢？如果每个单词你都这么轻视呢？如果每个知识点你都这么认为呢？每件小事你都这么思考呢？

那遇到大事时，遇到转折点时，遇到改变命运的决定时，你真以为你会打得过自己长期养成的轻率的习惯吗？

人十分容易忽略小事，也总不愿意在小事上追求卓越，久而久之，将就惯了，讲究也就难了。

许多人说着"那又莫样咧"时都忘了，小事是容易在时间的长河里孵化成大事的。

我们的生活是由一个个日子组成的，日子又是由一件件小事构成的，未来由一个个今天合成，你可以不相信任何事情，但你不能不相信因果。

尤其是当你决定做一件大事时，一定要记住，所有伟大的事情，都取决于一些小事，取决于你对一件小事的态度。

我记得，我们刚开始筹划超级剧集《刺》的时候，总制片人肖霄做了第一张海报并发到了群里，谁也没想到，制片人杨烨和监制宋方金勃然大怒，他们在群里发了好长时间的飙。我刚做完签售，看了下群里发生的事情，还以为团队要解散呢。

我连忙给宋方金老师打了个电话，让他消消气，问他："你干吗生这么大的气，不就是一张海报吗？"

他说："弟，如果制作团队连一张海报都不重视，都做得这么糟糕，怎么可能制作出一部好的剧呢？"

我想起一位作家老师讲过的话："你永远不要以为一件小事不重要，一部作品拼到最后，都是小事，小到每个字，每个情节，每个金句，每段话，每篇文章。"

三

1963 年，美国气象学家爱德华在纽约科学院的论文里第一次提到了一个效应：蝴蝶效应。

这是指一只南美洲亚马孙河流域热带雨林中的蝴蝶，偶尔扇动几下翅膀，可以在两周以后引起美国得克萨斯州的一场龙卷风。

这样的例子很多，比如一滴很小的水滴，如果在雪坡上向下滚动，会慢慢形成雪球，最后雪球会越滚越大，甚至变成雪崩。

有一首民谣这么写：

因为少了一颗钉子，而掉了一块马蹄铁，掉了一块马蹄铁就瘸了一匹战马，瘸了一匹战马就摔死了一个骑士，摔死了一个骑士就丢了一份情报，丢了一份情报就输了一场战争，输了一场战争就亡了一个国家。

你会发现，许多大的事情归根结底，都是一件小事。

当你把这套理论用到生活里，你也会发现这样的例子比比皆是。有一次，我给我表弟辅导家庭作业，表弟的学习成绩很好，自尊心也强，但我看他的数学题错题都是同一个错误，于是我放下作业问他："弟弟，100 减 15 等于多少？"

他不假思索地说："等于 75。"

其实你可以把这个问题问许多人，不少人给出的答案都是 75。

因为每次上课，我都会问班上的学生："15% discount 是打几折？"

许多人都会很高兴地告诉我，是七五折。

但我们仔细算一下都知道，是八五折。

那天，我告诉我弟弟："是 85，你记住了。"

他不耐烦地说："好的好的！我记住了！"

我盯着他："你为什么不重视呢？"

他说了那句我最烦的话："不就是个小错误嘛，那又怎么样呢？"

我把作业直接甩了出来，把他错的那些题目拿给他看，他几乎都错在了这个地方，也就是说，他的大脑里就是没有通过这个小关。

他哑口无言，默默地改正了。

有时候，我们总以为那些小事是鸡毛蒜皮，但没想到的是一旦这些事情随着时间的推移被放大，就成了大的麻烦。

四

所以，你一定要警惕自己对小事的忽略。比如一个人早上不爱刷牙，你想想十年后呢？比如一个人早上从不吃饭，你想想二十年后呢？比如一个人从来不读书，你想想人到中年呢？比如一个人总说那些负能量的话，许多日子之后呢？

人一站在时间的长河上，许多小事就会被放大，变成大事。有些事情一旦养成了习惯，更改起来就更麻烦了。

《习惯的力量》里说："一个明显大的习惯，往往是从一个看上去微不足道的小习惯的改变开始的。"

无论是好习惯，还是坏习惯。

我的一位学生，曾经每天晚上伴随着一套英语听力入眠，坚持了半年后，他一听到英语就犯困，还问我："为什么我这么刻苦，每天都练习英语听力，能力没提高多少，现在这玩意儿还有了催眠的功效？"

我说："其实你的努力啊、坚持啊都对，就是没有注意到这个细节：你不能用这个时间段听啊，这么听不就养成条件反射了吗？"

他很郁闷，问我怎么办。

我告诉他去自习室或者图书馆，从今天开始，每天用最清醒的时间去训练，这么坚持一下再试试。

他挠了挠头："我还有救吧？"

我安慰他说："我还见过每天吃饭时练听力的呢。后来一听到听力就饿了。"

所以，我经常让我身边的朋友重视细节，仅仅想告诉他们，我们是一个厉害的团队，或许我们没有别人聪明，但一定要比别人踏实。

人可以不在乎那些小事，但永远不要忘了，时间是一个可怕的东西，它能放大那些曾经不起眼的小习惯，无论是好的还是坏的，而这些习惯，可能会决定自己的命运。

五

当然你可能会说，如果人每天都在乎每一件小事，生活会不会太累了？

会，但习惯了也就不累了。

所以，在文章结尾，我想强调两件事：

第一，是否需要重视小事取决于你想成为一个什么样的人。

第二，可以这么要求自己，但没必要这么要求别人。

有一次我在酒店的大堂和几个朋友聊天聊到了秦始皇，正在我们聊得特别深入时，一位朋友竟然张口说了句令我瞠目结舌的话："秦始皇是谁？"

朋友今年三十一岁，后来我们才发现，他确实不认识秦始皇，他没读过书，也没学过历史，甚至不怎么看电视，他住在一个村里，每天靠钉鞋维持生活。

一开始，大家嘲笑他不知道秦始皇，后来他说，不知道的人多了，又不是只有我一个！

后来我一想，还真是，那些不知道秦始皇的，不爱读书的，不学习历史的，不反思未来的，又能怎么样呢？他们也生活得好好的啊，也能这么开心地过每一天啊！

只不过，我们需要学习，我们需要读书。

但不是每个人都需要知道这一切，或许，他就愿意成为这样一个什么都不用知道的人，这一辈子也能这么过下去，又能怎么样呢？

所以，这一切，完全取决于你想成为一个什么样的人。

那天，我的好朋友问我："龙哥，你为什么不跟他说一些读书很重要之类的话帮助他，至少让他认识一下秦始皇啊！"

我说："我很想，但这和我们无关，对吗？"

他想了想："但我们不能成为这样的人，对吧。"

我说："我们永远不会。"

任何通往创作的捷径都在通向死亡

一

我有一个学生，刚来到北京，连续两年考研失败，开始迷茫，是继续考试，还是找工作。他做事很慢，而且从来不着急，在北京这座车水马龙的大都市里显得格格不入。我和他每次见面，他总是很磨蹭，有时可以迟到一小时。

逐渐，我知道了他的毛病，和许多人一样：拖延症。

我经常跟他说："你为什么不去试试找份工作呢？"

他说："我怕找不到。"

我说："不试试怎么知道找不到呢？"

他说："再等等，不着急。"

就这样，又是半年过去了。

后来我见到他就骂他，直到他终于决定要去投一份简历。

在我的狂轰滥炸下，他终于迈出第一步，先做份简历，然后开始找工作。这件他本该在来北京第一天就做的事情，足足拖了两年。

一周后，我再次见到他，问："你找到工作了吗？"

他说："没有。"

我说："投简历了吗？"

他说："没有。"

我问："为什么？"

他说："我看了一篇文章，《慢慢来，一切都来得及》。"

我不知道这篇文章是谁写的，在哪里生活，我只知道，写这篇文章的作者一定不知道，他的影响力穿过屏幕，影响到了我的这位学生，让他以为慢吞吞地生活，在北京这座大都市里，是一个正确的决定。

我再举一个例子。我的一位朋友，大学毕业后也来到北京，找了一份工作，没有一技之长，又不满意现在的生活，于是，他决定向我学习，磨炼出一技之长。

他一开始向我学习的方向是学英语，他制订了一套计划，给我看了他学习英语的方法，问我对不对。

我仔细端详了他半天，然后跟他说："无论你怎么学，也不能每次翻开书，总是背诵 abandon，背完然后就放弃了，这样你是永远背不到 B 开头的单词的。"

他说："那我应该怎么做？"

我说："你应该至少先报个名，参加个考试什么的，设定一个小目标，然后每天背点儿单词，朝着这个目标一点点地进步，就好了。走得慢，但不能不走。"

他恍然大悟，于是开始了自己背单词的岁月。

一个月后我见到他，这一天正是他考试的前夕，我问他单词背得怎么样。

他说："早就放弃了。"

我惊奇地问为什么。

他笑了笑，拿出一篇文章，标题是"上天有更好的安排"。

我一直不解，一个人为什么总是开口闭口说上天，为什么一旦遇到重要的事情，总希望靠一股不明白的力量安排自己？

就算真有一个伟大的上天帮助你，让你去中六合彩，但你至少应该自己买一张彩票吧。

我想，写这篇文章的人也一定没有想到，自己的文字能够漂过人海，随着一根网线，浮现到了我的朋友眼前，改变了他的价值观，从而，给他的懒惰找到了理由。

这样的文字，每天还有很多，在互联网的背景下被放大，从鸡汤变成了毒鸡汤，从毒鸡汤变成了毒药。

当你问这些作者，为什么要这么写，他们说这样流量大啊，点击率高啊，更可能有广告啊！

二

朋友圈里有许多自媒体的作者，也有不少自媒体人，他们每次赶热点的时候，都格外兴奋。

赶热点是自媒体人应该做的事情，但一旦没了底线，只为粉丝量和广告费，只为"十万加"的阅读量和噱头，这个行业就没了生命力，更加没了灵魂。

从前我们拿着笔，现在我们敲着键盘，其实都是为了传递我们的思想，传播我们的价值观，让更多的人能看到、听到我们想的内容。可惜的是，现在越来越少的人理解写字者肩上的使命。

《人类简史》的作者赫拉利曾经说过："想象力和虚构，是人类文明的起点，人和动物最大的区别，就是人会讲故事，而动物只有语言，没有复杂故事。"

可是现在，我们把故事，讲成事故。怎么哗众取宠怎么来，怎么挑动情绪怎么来，一个传递价值观、传递知识的行业，竟然总是用"月薪×××万""一门课收入千万"这样的字眼去博眼球，而丝毫不去提及人内心深处的东西，实在是悲哀。

有多少自媒体，都在一味追求"十万加"，就算没有"十万加", 也要刷出来。数据是上去了, 灵魂也丢了, 输局自然也是注定了的。

我曾经在一个饭局上, 跟我的好朋友剽悍一只猫讲过一句话: "好的文字, 应该是能打动人的灵魂的作品, 而不是字数达到了原创标准, 要了打赏, 破了'十万加'就够了, 更不是以渲染情绪、说脏话、造假、抄袭、博眼球为荣。"

他记了下来, 而且一直在做, 我觉得他做得很好。

我曾经写过一篇文章, 《放弃无用的社交》, 许多自媒体人一看很火, 于是照搬了起来。

几天后, 我看到了另外一些文章: 《为什么要放弃无用的社交》《放弃无用的社交是什么体验? 》。

我写过《你只是看起来很努力》, 过了几天, 又看到了一篇文章: 《他们只是看起来不努力》。

我写过《你所谓的稳定, 不过是在浪费生命》, 他们又开始写《你所谓的稳定, 不过是稳定着》。

我仔细看完了这些文章。有一篇文中举的例子, 一个女生来到北京, 半年后通过努力升职为这家公司的副总。

我当时看到这段故事, 心情久久不能平静, 因为我觉得如果半年成了副总, 就只有两种可能性: 第一, 这家公司副总很多; 第二, 这家公司没多少人, 那这家公司可能真的要倒闭了。

我替他们感到难过。

我的好朋友诗人、制片人周亚平曾经说过："艺术来源于生活，高于生活，但不能捏造生活。"

既然是一个传递价值观、传递知识的行业，就应该有些责任，有些担当。好的写作，不仅要谋生，还要学会真诚。好的文字，不仅需要传播，更需要传递。

电视剧《我的前半生》火了，自媒体人纷纷追逐热点，有些甚至用于商业和广告，最后，这些人都收到了法院关于侵权的传票。

我记得当时，连我的一位好朋友在出书的时候，也要在标题上写"我的前半生"，我气得打电话给她，问："你为什么要这样写，你才二十五岁啊，就开始谈前半生？那你这辈子只能活五十岁吗？"

她十分生气："你管我，这样阅读量多！"

如果对于一个作者来说，阅读量多，比生命还重要，那这个行业算是完了。

我在刚开始写作的时候，虽然不知道应该怎么写，但我一直提醒着自己一件事情：你想把这个世界变成什么样？或者，你的读者读完这篇文章，会变成什么模样？会变好吗？

2010 年，我在上课的时候，一个男生蓬头垢面地走了过来，对我说："老师，我想自杀。"

你们要知道，一个总是说自杀的人，是不会自杀的，真正自杀的人都是默默无闻把事情办了。

所以，我调侃地说："你怎么了？还不快去？"

他忽然哭了，说："老师，有人欺负我。"

我说："谁啊，欺负一个男人？"

他说："我们宿舍的人。我们宿舍有六个人，他们五个人天天打游戏，我是唯一不打游戏的。我早上起来学习，中午回来午休，下午去教室上课，晚上去图书馆看书。他们讽刺我，说我不合群，然后还偷偷藏我东西。老师，我是不是做错了？"

我当时突然想到了很多，不知道从何说起，因为这就是许多大学生的现状：你能和我一起堕落，但不能一个人高飞。

我跟他说："孩子，我脑子有点儿乱，你等我回家，给你写篇文章，你慢慢看。"

于是，我回到家，给他写了那篇《你以为你在合群，其实你在浪费青春》，告诉他：孩子，孤独不怕，这世界永远满足二八定律，20%的人拥有80%的财产，80%的人为20%的人服务。所以，你要学会在孤独中前行，让自己变得更好，成为那少数人。

孩子看了那篇文章，感动了，说："老师，写得太好了，我不想自杀了！"

我欣慰地笑了笑。

至少，他不焦虑了，很高兴地继续上了路。

当时我很高兴，于是把这篇文章发到了网上，可是网络的回应让我有些意外。后来我才知道，那篇文章的措辞太犀利，甚至有些挑动情绪。

于是在出版的时候，我把那篇文章重新改了，除了观点没变，其他的全部修改。也就是那时，我开始明白：在我们写字的时候，请一定想一想，屏幕那头是你的读者，你想给读者带来什么？万一这篇文章火了，能量被放大，你想把世界变成什么样？

许多抄袭的作品都是这样，一开始他们抄得没人知道，但他们没想到，自己的作品有一天会突然火了，会被拍成影视剧。可是，有时候出名不是福，而是诅咒。

接着，错误也被放大，当时的瑕疵经过互联网的放大，变成了漏洞，漏洞越滚越多，变成了黑洞。

几乎每个大 IP 都牵动着官司和舆论，要么是抄袭，要么是疑似抄袭，无非是因为他们当初走了捷径。

所以，希望每位写作者明白，所有看似捷径的道路，都是通向死亡。

这些年，我见证了太多人宴宾客、起大楼，然后宾客散、大楼塌，仅仅是因为他们走了捷径。所以，我给各位的建议是：无论做什么，都要做到最好，无论你走得多慢，都不要停下来，无论路途多么遥远，都不要去走那该死的捷径。无论你写的是网络文学、生活感悟，还是鸡汤，都应该尝试着写到最好，不留遗憾。

很多人一直说，李尚龙不就是个写鸡汤的吗？

是的，如果一个人，写鸡汤出了三本书，每本书都卖到百万册，其中一些故事还将要被改编成影视作品，说明这样的鸡汤也是有营养的，你要不服，也来写一本。

写作不仅需要电脑，需要笔，更需要心。你的文字，如果不能感动自己，想必也就很难打动别人。

今年，我在写作上有了一个转型，写了第一部小说《刺》。

这本书讲的是校园暴力，提供的是解决方法。如果可以，我希望它能推动大家重视校园暴力，让我们的孩子更少地生活在恐惧中。

这本书的写作缘起是我的亲身经历。去年，我在广西做签售，有一个孩子小时候出车祸，大脑受损，父亲当场死亡。他在单亲家庭中长大，性格孤僻，不愿交流。

在互动问答时，他站起来提问，全校同学爆发出了令人难受的刺耳的笑声，而且，连续笑了三次。我问了校方领导，他们说这个孩子性格孤僻，但喜欢读书，他不善交流，讲话还有些结巴。于是，总被大家欺负。

那是我第一次在签售现场勃然大怒，回到宾馆，我发了一条微博，说这个学校可能存在校园暴力。结果，我被这个学校的学生有组织地攻击谩骂，说我污蔑他们的学校，想借着他们学校火一把。

我当时十分恐惧，恐惧的不是这些学生能把我怎么样，而是没有一个学生认为那三声大笑是有问题的，没有一个人承认这个孩子被校园暴力了。

事后，这个学生在微博私信了我，我才知道，他长期被各种人欺负，甚至习惯了被欺负。

后来，在学校领导的配合下，我们找班主任谈话，联合班干部一起，保护了这个学生。一个月后，这个学生私信我，"龙哥，自从您关注了我，再也没人欺负我了。"

对我来说，我很弱小，不可能保护所有人，好在我还有笔，可以写字。那么，就让我用笔，去和更多孤独的孩子一起，并肩作战吧。

盗用《蜘蛛侠》里的一句话：能力越大，责任越大。希望大家能够记在心里。

但这句话的背后，还有一层意思：能力越大，破坏力越大。

就像那些动不动就说多少万收入的写作者，是他们让这个本该传递价值观的行业，传递着价格观。

所以，作者们，你们到底愿意把这个世界变成什么样？你的文字，会对这个世界如何？希望各位深思。

最后，以宋方金先生《给青年编剧的信》中的两段话结尾，希望我们再次明白，什么是故事，什么是讲故事的人，也希望我们用心去写故事，而不是偷奸耍滑，乱走捷径：

"讲故事是我们这群人的宿命，也是我们的使命。我们甚至必须抱有更大的野心，给上帝讲一个故事，跟他老人家捉迷藏。科学家用数学、物理与化学猜测上帝的头脑，我们用故事、人物与情感来猜想上帝的心意。这世界绝不是无缘无故，必有一个终极答案以两种形式分别藏在科学和艺术之中。

"我们追随在莎士比亚、托尔斯泰、大仲马等讲故事的人身后，跟爱因斯坦、牛顿和霍金这样的科学家赛跑，看谁能先猜出上帝的答案，来到上帝的面前。我希望我们讲故事的这边能赢。"

愿我们勿忘初心，写出更好的故事。

忙，但不要穷忙

一

我到一个四线城市签售，等完成了今天的工作，看了看表，已经十点多。在北京，正好是我生活开始的时间。

于是，我和制片人老于走在街头觅食，街头一个人也没有，连车也打不到。于是，我们打开了打车软件，上了车，我跟师傅说："师傅，去这个城市最热闹的地方。"

师傅看了看我，一句话也没说，冷漠地开着车。我们警惕地看了看他。

十分钟后，车辆停在了一条街边，路边的大排档还冒着烟，虽然已经没有了客人。我和老于走了过去，那边正好收摊，吃不成了。

我们继续走，想找个酒吧或者夜店待一会儿，才发现所有的夜店在那个时候都已经关门了。

才十一点左右，这座城市已经安静了下来。

打车回来的路上，我问师傅："为什么这座城市晚上没什么生活？"

师傅也很诧异，说："晚上不睡觉要什么生活？"

第二天，我起了个大早，站在街头，才恍然发现，这座城市，没有什么年轻人，几乎都是中老年人。城市里的几个工厂，垄断了这座城市的几乎所有 GDP，年轻人好像也都离开了家。

站在街边许久，我终于看到一些懒洋洋的年轻人，他们慢慢地行走着，我忽然怀念起了北京的早高峰，那些拥挤和着急，不正是青春的生命力吗？

那些挤破头都要做点儿什么的状态，不正是我们去大城市的原因吗？

当天中午，书店的朋友请我吃饭，开车师傅自豪地告诉我，自己在这个城市开车开了二十年。

我当时有些恍惚，因为我刚从洛杉矶回来，那里的无人驾驶技术已经相当成熟。我甚至都不建议大学生花时间去考驾照，因为这注定是一个会被机器淘汰的职业，可一个人竟然干了二十年，这二十年的最终归宿竟然是被替代。可对这样的未来，他竟全然不知。

师傅继续一边吃饭，一边吹牛，说这座城市特别安稳，自己的车技多么娴熟，生活也十分稳定。他一边说还一边批评我们，说北京的生活太快了，说这里的很多文化北京都没有，说搞不懂为什么自己的孩子一定要去大城市，留在家不好吗……

他说着，我吃着，因为我知道，我跟他应该不是一个世界的人。

吃完后，他问我："李老师以后是否想在这里定居？"

我笑了笑，说："应该不会。"我继续说，"三天，就三天，我就会被逼疯。"

第二天，我们离开了这座城市。

二

有些城市适合养老，但有些地方适合拼搏，我们想要待在哪里，完全取决于我们想成为一个什么样的人。

我的朋友老宋三十多岁去了美国得克萨斯州的一个村庄，他说自己过上了"面朝大海、春暖花开"的日子。

可是每隔几个月，他就会回北京，然后找到我，说："尚龙，你有什么事儿能带带我？什么都可以。"

他说："我想念那样的节奏。"

我们其实还都不到"面朝大海、春暖花开"的年纪，我们这个年纪，正是要做点儿事的年纪，那样安逸、重复、无聊的生活，必然会把一些想有作为的人逼疯。

我曾经写过一篇文章，《忙起来多好，闲下来更累》。其实人忙碌起来，并不会很累，一旦人闲下来，那种胡思乱想和日子看不到头的状态，才真心令人难受。

每次我在鼓励大家忙起来时，总有人问："你整天把自己弄得这么忙，不累吗？"

每次遇到这样的问题，我都会回答："那你每次把自己弄得这么闲，不累吗？"

而闲只有在忙碌之后，才有意义，持续地闲，不久就会成为闲人。

三

我曾经读蒋勋的《品味四讲》时被感动。他说忙是心亡，心死了，就是忙，所以人要慢下来。

一开始我是同意的，但仔细一想，蒋勋老师是 1947 年出生的人，他的年纪的确到了应该慢下来的时候，人家在年轻的时候，已经忙完了，要不然也不会有这么多的作品。

是否要慢下来，取决于我们的年纪和我们想成为一个什么样的人。我们不应该在最应该忙碌的年纪里，选择了什么也不干，选择了养老的生活状态。

但说到忙，我们一定要明白：不是每种忙碌，都是好的。

你是否有过这样的感觉：你忙碌，你循环，你累，你一天接着一天，但一周下来，你发现什么也没干。

忙，不等于穷忙。

从心理学来说，适当的空闲是对的，因为一个人一旦陷入了循环式的忙碌，也就变成了所谓的"穷忙"。

循环式的忙碌，把自己无条件地占满，这样的忙碌，也就极端了。

塞德希尔·穆来纳森的《稀缺》中有一段话："任何系统留一定的余闲很重要，它不是对资源的浪费，而是让系统更加高效地运转。"

也就是说，无论多忙，都要给自己一些空余的时间，这些时间，要给自己放空，思考一下有没有更好的方向，有没有更棒的路。

就好比一个团队里，总要有一两个领导是闲的，因为他们负责思考，负责更好地制定方向。

日本北海道大学进化生物研究小组对三个分别由三十只蚂蚁组成的黑蚁群进行观察，发现有 20% 左右的蚂蚁不仅不勤快，还无所事事，他们把这些蚂蚁称为"懒蚂蚁"。但每次，蚂蚁群表现得一筹莫展时，那些懒蚂蚁总能挺身而出，带领它们找到新食物。

他们把这个现象称为"懒蚂蚁效应"。

其实，任何一个组织，都应该有 20% 左右的懒蚂蚁，他们不要那么忙，他们需要把握大方向；同样，你也需要给自己留下 20% 的空闲时间，这时间不要工作不用应酬，就拿来充电，拿来冥想，拿来提高自己。

我在新东方当老师的最后一年，给排课的同事提出了一个要求：周末晚上不上课。

同事一开始好奇地问我："为什么，这样你一个月能少四五千元呢。"

我咬了咬牙，但还是说："就别排了吧。"

我用那段时间读书、看电影、写读书笔记、写影评，几年后，我依旧保持这个习惯，我从一个老师变成了作家。到今天，我依旧不把自己的时间安排满，总会留下20%用来做一些没做过的事情，见一些没见过的人，我把这些闲的时间，称为"彩蛋"。

所以，大城市的生活状态就是这样，你需要忙碌，但不要穷忙，不要重复没意义的忙，你需要的不是埋头干活，而是抬头奋斗。你要一边前行，一边导航，还要一边看着路牌，有时也别忘了欣赏一下沿途的风景。

四

我曾经看过著名经济学家凡勃伦的《有闲阶级论》，所谓有闲，都是基于拥有大量财富之上的。

这本书举例批评了很多西方有钱人的闲情逸致，该书虽然在批判，但仔细分析，那些整天炫耀、攀比做一些闲事的有钱人，除了富二代，其他的富一代在年轻时几乎都是忙碌的：他们忙于创业，忙于奋斗，忙于提升自己的阶层。

于是，才有了成为"有闲阶级"的可能，也许当时财富掠夺的手段是可耻的、不光彩的，但放在现在来说，我们的工作和奋斗却是光荣的。

因为我们年轻时的努力，才有可能把自己从一个阶层提高到另一个阶层。

你是否想过，如果一个人年轻时也闲呢？如果一个人安于自己所在的那个阶层呢？

我想起了那个四线城市的一家卖手机壳的小店，我走进那家店，看见三个年纪和我差不多的人正在打牌。他们耳朵上夹着烟，激动地摔着扑克，毫无发觉我已经走了进来，我逛了一段时间，就走了。

我想，他们也不会在意我是不是会买一些东西，他们每个月的收入够用，生活挺安稳，这样的生活也好。

人这辈子最可怕的就是在最该努力奋斗的日子里，满足于自己所在的阶层，自满于自己拥有的生活。但比这些还可怕的是，他们竟然还年轻着，还有着无限的可能。

所以有一天，我和老宋聊天时，他问我："你真的一点儿也不喜欢悠闲的生活吗？"

我说："至少现在，我还是喜欢奔波的状态。"不是说我不喜欢面朝大海、春暖花开的日子，但年轻时，我还是希望面朝着人群，感受着梦想的盛开。等我老了，有了足够的钱，再去买一套大海边的房子，我想，我会安静地坐在海边自言自语地说："哥们儿年轻时，也曾是这大海的波涛。"

许多所谓的真理，都经不起推敲

一

有天我和几位编剧聊到创作，宋方金老师说，尚龙昨天写的文章里有一句很牛的话：愿你出走半生，归来仍是少年。

编剧帮的帮主杜红军吓了一跳，憨憨地说："什么出走了半生，归来还是少年，那不就是个傻子吗？"

我当时一愣，什么意思？

他继续说："如果我们老家的大姑这么告诉我，红军，你出走了半生，归来还是个少年，不就是在骂我出了家门这么久还是什么都不会吗？那我不就是个傻子吗？"

我从来没有这么考虑过问题。

并且我承认，当一个人出走了半生，回到家脸上还没有沧桑，依旧做事不靠谱，办事不牢，这样的人，恐怕很难是个聪明人。

所以，这句话应该这么说，更能达意：**愿你出走半生，归来仍单纯**。

这样，就少了很多误解，多了一些精确。

二

这个世界上有很多话都被广泛传诵，却经不起推敲。

也有很多观点和生活方式都是被许多人接受的，却也没有根据。

像极了刘老师说的那句话：**"世界上所有的悲剧都经不起推敲，悲剧一推敲遍地喜剧。"**

其实，世界上许多"真理"和名言，都经不起推敲，甚至都没有说完。

比如我们都知道以德报怨，却不知道这句话的原话是出自《论语·宪问》的"以德报怨，何如？"子曰："何以报德？以直报怨，以德报德！"

所以，孔子实际上在说"用适当的惩罚回报恶行，用善行回报善行"。

再比如许多人熟知的"父母在，不远游"，认为父母在，就不应该去远方，却不知道，后面还有一句话，"游必有方"。也就是说，父母在，不远游，但只要有自己的目标和志向就好。

还比如爱迪生说过的那句"天才是99%的汗水加1%的灵感"。但他后面还有一句：那1%的灵感比99%的汗水还要重要。

最有趣的，就是那句活跃在影视剧里的台词"酒肉穿肠过，佛祖心中留"，其实，后面还有一句"世人若学我，如同进魔道"……

三

世界上有好多假象。

比如我出版过的书，《你只是看起来很努力》。

努力和看起来很努力，是两件事情。

就像你读了大学，只代表你交了学费，不代表你读了书。

就像你去了健身房，只代表你交了钱，不代表你健了身。

就像你发了一条朋友圈，说你在教室，那只能代表你在教室，不能代表你在学习。

世界假象千千万，不拆破它们，活着还真有点儿难。

要有清晰的逻辑、全面的信息、多角度看问题的思路，孰真孰假，才能一目了然。

当你放了一块石头在一只蚂蚁的面前，蚂蚁不会认为有人故意放了一块石头在自己面前，它的单一维度思考模式只会认为：困难来了。蚂蚁是永远不知道人是怎么生活的，因为它对这个世界存在盲区，因为它的认知能力不够。

我们也总有自己的盲区。这些盲区，或许需要我们一辈子的努力，才能逐渐看得清。看得清、看得全面，才有意义。

当然，这需要多交谈，多读书，多见识，多思考。

让我们在生活里解锁更多的维度和更多的盲区，从而在这个迷茫的时代，成为一个明白人。

高手从来都是反本能的

一

大城市的灯光，总在夜晚把许多人照得格外无神。

其实，不仅是大城市，小城市也是一样，许多人眼睛里丧失了光芒，没有了活力，更少了希望。

早上起床，人们骑着共享单车冲入最近的地铁站。人群拥挤，时常在地铁里都没有站的位置。一路颠簸，到了站进了公司，打卡后面对电脑和无尽的会议，中午饭成了每天上午唯一的期待。

下了班，人们拖着疲惫的身躯回到合租的房间，吃一份二十多元的盒饭，看看最近火爆的网剧和电影，进入梦乡。

明天的生活，循环，继续循环着，一模一样。

这就是高楼大厦下，许多人真实的写照。

有人说，驱动这一切的是梦想，其实，驱动这一切的不过是本能而已。

我们本能地睡着，本能地醒来，本能地工作，本能地吃饭，本能地打开手机，本能地点着赞……

我们没有意识地过着每一天，留给我们的只有本能，我们不记得一周前的今天自己在做什么，有时候甚至不知道昨天做了什么，我们忙碌在这个城市，却不知道这些忙碌背后的意义。

我们丧失了深度思考，没有了主动阅读，取而代之的是被动吸取，什么火爆我们关注什么，什么有趣我们读什么，当热搜降温，我们再去关注其他的事情。

注意力和主动思考的稀缺，让所有人眼光里都失去了光芒。

街道上，人来人往，地铁里，人山人海，我们，何去何从。

曾经有一位老师说："人不用每时每刻知道自己在做什么，但是，人总要在一天里，有一段时间知道自己在做什么，一辈子里，重要时刻知道自己在想什么。可怕的是，有人一辈子都不知道自己在做什么，本能驱使了自由意志，思维习惯决定了行为习惯，至于深度思考，早就荡然无存。"

二

人和动物一样都有着本能，有些本能十分可怕，甚至会令它们丧命。

火烈鸟的身体里有一种寄生虫，随着粪便排入河水中。

在水中的虾吃了这种寄生虫后，身体开始变红，并且喜欢扎堆。

这一下，本来很难被发现的虾们，很容易就被火烈鸟看到了。于是，它们成了火烈鸟的美餐。

火烈鸟吃了这些虾后，将寄生虫排出体外，供下一批虾变红。

可惜的是，虾们不知道自己变红了，也不知道自己为什么变红，更不知道变红意味着什么，它们只是一次次地变红，然后被吃掉。

没有虾知道自己在做什么，本能驱使着它们的行动，直到它们死去以及再一次死去。

科学家做过类似的实验。

科学家在一个笼子中关了四只猩猩，笼子的上方挂了一只香蕉，只要有猩猩去吃那只香蕉，就有实验人员用热水泼它。久而久之，猩猩们理解了：碰香蕉就会被热水烫。

于是，实验人员换掉了一只猩猩。

新的猩猩看到了香蕉，刚要去拿，被三只猩猩殴打了起来，久而久之，新来的猩猩也明白，香蕉不能碰。

接着，实验人员再换掉了一只猩猩，猩猩刚准备拿香蕉，就被其他猩猩疯狂地殴打，打得最凶的竟然是那只没有被热水烫过的。

实验人员就这么一次次地更换着，直到把四只猩猩都换成新的猩猩。

在这个笼子上方永远有一只香蕉，谁也不会去碰，可是，谁也不知道，为什么不能碰。

有时候，我们就像虾和猩猩一样，本能驱使了我们的生与死、行动与决策、性格与命运，而我们却全然不知，只是默默地接受了结果。

三

我们不必那么悲观，因为所有牛人都有一个共同特点：**他们逆着基因生长，不被条条框框限制，永远打破着框架，突破着本能。**

我们佩服身材好的人，因为他们控制住了食欲的本能。

我们佩服在寺庙修炼的人，因为他们控制住了性欲的本能。

我们喜欢拾金不昧的人，因为他们克服了贪婪的本能。

我们喜欢微笑的人，因为他们克服了人类易怒的本能。

我们会被《肖申克的救赎》里的安迪感动，是因为他永远在突破限制，打破着监狱里既有的条条框框。

我们会被《飞越疯人院》里的麦克·墨菲打动，是因为他永远在追求更自由和更真实的自己。

我们会爱上《楚门的世界》里的楚门，因为他发现了循规蹈矩的生活外，原来有更大的世界。

你会发现，一些牛人的生活习惯很有趣：**他们永远从小的事情学会去破除本能的枷锁，不让自己被物质奴役，被习惯奴役，被制度和规则奴役，他们的世界，比我们的都大。**

我们羡慕从体制里辞职出来创业的人。

我们羡慕那些一年不见，再见时忽然瘦了几十斤的人。

我们欣赏那些知识渊博，每次见面谈话内容都不一样的人。

我们期待成为那些既能朝九晚五又能浪迹天涯的人。

的确，我们不可能每时每刻都知道自己做什么，这样很累，**但我们总要在做大决定时，知道自己在做什么，这种自我意识，破除了本能，能让人看到更广阔的世界。**

四

编剧宋方金，认识了他的制片人方方二十多年。每次服务员问方方吃不吃胡椒时，他都不假思索地说吃。那次，宋方金终于勃然大怒地喊道："方方，你能不能试着不吃一次胡椒！"

于是，方方人生中第一次吃牛排没有加胡椒。

之后，每次别人问他加不加胡椒时，他都会思考一下问："你们还有其他什么酱吗？"

他的思考模式开始扩大，可能性增多。

就连跟别人谈合作，他也在对方给出两个选择时开始发问："还有第三种、第四种可能性吗？"

打破本能的反应，看到的世界也就大了。

我再举个例子：在外漂泊，其实每天都很累，一年难回一次家，回家就当起了大爷。

加上每次回家父母都做很好吃的饭，睡到自然醒。所以，每次回到家就习惯了除了睡觉就是长胖的生活状态，逐渐，一回到家，本能机制就启动了。

有一天在回家的高铁上看到了一个做饭的节目，我看得入神，忽然想到，我有很久没有做过饭了。

我的思路忽然扩展了好多：我有多久没有给父母做过饭了，他们又能有多少机会吃我做的饭呢？我又有多少时间给他们尽孝呢？

回到家第一天，我打破了本能机制，给父母做了顿早饭，虽然鸡蛋煳了。但直到今天，父亲依旧说那顿早饭是他吃过的最幸福的一顿早饭。

之后，我和姐姐一起把家里二十多年的小电视换成了大电视，把家里的老式微波炉换成了辐射小的款式，给父母买了许多保健产品。

本能让思维狭窄，按照惯性支配行动，逐渐下去，人的世界就越来越小，也越来越无聊。

突破自己的本能，其实很简单：吃一顿没吃过的饭，看一场并不火爆的电影，和一个陌生人打一局游戏，去一个陌生的城市旅行……

意外的收获，更令人难忘。

做一个有远见的人

一

回北京的路上，已经是深夜，照理来说路上应该没车才对，但却堵得水泄不通。于是，我一边拿出了电脑敲打着文字，一边随着车慢慢地往前挪动。半小时后，我找到了原因：机场的路开始翻修了，三条车道变成了一条车道，车流汇集，于是堵车了。

这些年我们经常看到一些才修了几年的路一定要在深夜扒开看看的现象。其实不仅如此，刚修了十年的大桥要爆破重建，刚建好的房屋又在保养，新规划的城市在暴雨过后会内涝。GDP上升的同时，雾霾也随即而来。

陆铭教授的《大国大城》中写道，今天城市的基础设施糟糕和公共服务的短缺，是因为历史预测的人口大大低于实际人口。

当年对大城市规划的失败，就是因为没有远见，从未考虑过这个城市在接下来的几十年会有这么多人到来。其实，当你看到很多城市拥堵的环路，就会知道，当年的城市规划者没有考虑到几十年后或许人人都会有车。

同样的事情，似乎每个国家在发展的路上都走了同样的路：先污染，再治理。

为什么我们很少看到德国的路会翻修，英国的大桥为什么总是这么坚挺，日本的排水系统为什么这么畅通？

有一天我走在路上，杨絮飘入了我的鼻子，我的鼻炎开始发作。我一边打着喷嚏，一边想：为什么种杨树呢，因为杨树长得快，短短几年后就能够看到成效。

但你走到那些森林中，走到那些发达国家的路上，你能看到松树、楠树、橡树。我想起了某知名作家说的那句话："这个国家不缺聪明人，而缺少踏踏实实不求快的笨人。"

而一座城市种的树，往往能反映这座城市规划者的思维模式，是急于求成，还是慢工出细活。

二

我们身边，总是拥有太多短视、急于求成的聪明人。

我想起刚开始当英语老师时，市面上最多的教材就是"几天搞定什么"，比如《三天搞定英语词汇》《五天搞定雅思阅读》，最可怕的是《三十秒搞定英语语法》。

　　说实话我觉得很可悲，因为我们这些人从小学开始学英语，一直到今天，少说也有十多年的时间，也就学成了这样。我们都知道罗马不是一天建成的，但为什么有这么多人相信这些速成的教材呢？

　　不能否认，这些书还卖得很好。但是，就算看完，英语不好的人还是那么多。

　　这种思路逐渐蔓延到这些年，你能看到那些奇怪的知识付费，什么"如何让自己年薪百万""如何让自己成为月入五万的白领""怎么写出百万级别畅销书"……

　　我记得一个同行曾经开了一门写作课，收费七百元，文案写着"三天就能让你变成写作高手"。因为文案足够吸引人，第一季卖得特别好，他到处跟别人说自己一季的课赚了一千多万，拿这个噱头自吹自擂了好一阵。

　　接着，他开了第二季，再也没人知道他赚了多少，因为差评如潮，后来他的所有课都卖得很糟糕。

　　只想捞一笔钱就走，于是时代就只允许他捞一笔钱。

　　这样的人很多，比如那些贪官为什么会顶着这么大风险贪污，因为他们看到的只有眼前的利益，看不到未来的铁窗生活。

高手和菜鸟的区别其实就在这儿：高手的眼睛像探照灯，照射着这个民族和自己的未来，但菜鸟看到的，只是眼前的光鲜与利益，或许能红一时，却很快恢复到原来的模样。

三

有这么一个故事。主人公叫里克·雷斯科拉，是世贸大厦南大楼的一位办公室安保主管，此前的越战退伍上校。1993 年，他经历了一次地下停车场爆炸，对逃生的重要性深有体会。于是，他每年都安排全公司的员工做两次"紧急逃生演习"。

很多人都抱怨，说他戏真多，事儿真多，当个领导太把自己当回事。

但在他的坚持下，公司还是同意每年给他两次安排全体员工执行演习的机会。这样的训练，持续了八年，当然，八年里，抱怨从来没有停过，大家抱怨浪费了自己的时间，抱怨没意义的紧张。

谁也没想到的是，2001 年 9 月 11 日，恐怖分子的飞机袭击了世贸大楼，瞬间周围一片火海。大家手足无措，像热锅上的蚂蚁，惊恐着、嘶喊着。混乱之时，雷斯科拉拿起了扩音器，组织员工立刻按照演习逃生。结果，第二架飞机在十七分钟后撞击时，他已经指挥两千五百人逃离了现场。

可惜的是，雷斯科拉再次回到南大楼救援时不幸遇难，离开了这个世界。

后来，有人把他的事迹改编成了一出音乐剧，这部音乐剧在美国很火，叫《战士的心》。

如果没有雷斯科拉的远见，这两千五百人恐怕就性命难保了。最后时刻，是那些抱怨的人救了大家吗？是那些指责别人的人救了大家吗？都不是，正是那些有远见的人，救了大家的性命。

直到今天，我经常会观察身边那些经常体检健身的、下班后努力学习的、没人监督依旧热爱读书的人，许多人认为他们不正常，不是，他们不过是一群有远见的人而已。

真正的远见，常常与现实相悖，常常不被人理解，但那些远见，却着眼未来。

四

字典里说，所谓远见，是一种对未来的推理能力，它和许多技能一样，都不可能一蹴而就，需要长期积累。

所谓远见，应该基于三种能力之上，它们分别是：**洞察力、判断力、学习力。**

我一点一点地说：

《神探夏洛克》里最令人惊叹的就是夏洛克的洞察力，他在第一次看到华生时就推断他肯定去过阿富汗，当过军医。

后来你再仔细观察，发现他特别喜欢这样刻意练习，看到任何一个人，就在一边分析，而且分析得头头是道。这样一个既有天分，又刻意练习的人，久而久之，洞察力一定是越来越强。

一个有远见的人，一定是个洞察高手。

比如预见外卖一定会兴起的餐厅老板，比如那些在微信公众号刚开始做就入驻的高手……很多人说他们赶上了好时代，说他们聪明，却忘了这些远见都基于对生活的洞察力，以及养成了观察的习惯。

命好不如习惯好，人要养成思考生活里的新鲜事物的习惯，要学会足够开放，同时保持思考。

除此之外，还要具备判断力。当新事物向你扑来，你不是要照单全收，而是要学会思考什么重要，什么需要，什么必要，放弃不想要的，毕竟人的时间有限，精力也有限。

除了这些，你还需要不停地学习，具备第三种远见的基础：学习力。

仔细观察身边，所有具备远见思维的人，都是终身学习的高手。他们无论年纪多大，都对新鲜事物好奇，对年轻人尊重，因为他们很清楚，年轻人和新鲜事物才是这个世界的未来。

五

直到今天，我越来越尊重那些着眼于未来的人，越来越高看那些未来具备巨大发展潜力的人，比如，我会尊重一个在图书馆认真学习的孩子，而不会太在意一个在学生会呼风唤雨但学习上不思进取的主席；我会更尊重那些虚心学习的人，而不会在意那些自居高位的人。

因为一个人重要的不是他现在站得多高，而是他是否还会朝着更高的方向前行。

同理，你看一个人更不要看他现在如何，而要看他的趋势和潜力。

埃隆·马斯克觉得人类肯定会用完石油，于是开发了电动汽车，又觉得地球肯定不再适合人类生存，于是创建了SpaceX，还成功发射了"重型猎鹰"运载火箭。他还计划把一百万人送到火星。

那些曾经被人当成疯子的人，不是因为他们没有活在当下，而是因为他们着眼于未来而已。

奥美互动全球董事长布赖恩写过一本书叫《远见》，书里说："职业生涯不是短跑比赛，而是一场至少长达四十五年的马拉松。"

其实你纵观生命，或许会是一场一百年的马拉松；但如果你纵观一个国家、一个民族的未来，时间或许更长。

我想这就是我们这一代人的使命，这也是这个时代的精英和知识分子的使命：当所有人都活在当下时，我们应该看到更远的地方，去思索自己的未来，这个国家的未来，这个民族的未来。

要么玩命努力，要么彻底放弃

一

当我看到这个数据时，吓了一跳：

2007 年，美国消费者一共购买了五百万首歌曲。2016 年，这个数字是八百七十万首，购买的歌曲数量增大了许多。但是，大量的歌曲，只卖过不到十次，有些只卖了一两次。

但如果统计卖过一百次以上的歌曲，这十年的数据基本上是统一的：三十五万首。

几乎没有变化。

再进一步，卖过一万次以上的歌曲，不到一百首，而且永远是那些人，几乎没有变。

类似的事情，还发生在电影产业、图书产业、文化产业。

总的趋势是确定的：少数的产品占有了大量市场，胜者通吃的现象逐渐明显。

换句熟悉的话，在这个世界上，虽然产品种类多了，但要么就是爆款，要么就沉默在大潮中，不被人知道。

再用句精练的话来说：要么出众，要么出局，没有中间选项。

二

仔细一想，还真是。这些年，除了听五月天和周杰伦的歌，其他人的歌，基本上都不听了。

现在出一个新歌手的成本很低，但想让他家喻户晓，难度就很大了。

除非像《中国有嘻哈》那样，火爆到每一个角落，否则，就只能忍受一首歌写下来承受没有人关心的命运。

我想起《未来简史》里的一段话：以后这个世界只有两种人，一种是碌碌无为的正常人，一种是改变世界的"神人"，后者是少数。

《智能时代》里也在说，这世界可能会分化成2%的头部高手和98%的一般人。

无论如何，这个时代的数据，已经表明了一件事情：这是个胜者通吃的年代，虽然产品多了，但被人关注的，依旧是少数，并且，永远是少数。

原来我们以为的"二八定律"，现在，这个数据可能更不乐观，很可能变成了 2% 和 98%。

三

这也就解释了一个现象：为什么有钱的人越来越有钱，穷人越来越穷。

但如果理解了"胜者通吃"的概念，就能明白，随着信息越来越开放，资源越来越会掌握在少数人的手里，并且越来越固化。

这就是著名的马太效应：凡有的，还要加倍给他叫他多余；没有的，连他所有的也要夺过来。

换句话说就是，富的更富，穷的更穷。

面对这个时代，我们唯一能做的是，**要相信个体从未固化，并且个人可以通过疯狂的努力改变。**

要相信，这个时代，**要么你选择成为一个偏执狂，用生命去努力，要么就压根别努力。**

因为一点点的努力跟不努力的结果一样，到头来只是自己感动了自己，一点用都没有。

这世界，永远都是这么残酷。

四

有人说，如何应对未来的不确定性？我们是不是没希望了？

我想说，比阶层固化更可怕的是智商固化。智商固化的人才是真正没有了希望。

那些不学习的人，不愿意进步的人，一知半解的人，只按照经验和直觉做决定的人，注定没有希望。

在阶层确定的大环境里，幸运的是，个体永远没有确定，一直随着努力而改变着。

我们身边有太多人，看似默默无闻，却平静地努力着。

然后忽然有一天，他活成了超级个体，把作品做成了爆款，把自己变成了阳光。但这样的人，永远是少数，虽然孤独，但闪着光。

愿读到这篇文章的你，能成为这样的人。

有些路，注定要一个人走

一

我有个学生，在大四那年决定考研。

宿舍其他同学都没有继续深造的计划，于是，奋斗成了独行线。没人陪伴，他成了唯一早出晚归的人，变成了他们口中的"少数人"。

同学调侃他："你努力有什么用？你努力能比得上清华、北大的学生吗？"

他回复："谁说一定比不过呢？"

宿舍里其他几人爆发出刺耳的笑声，这笑声回荡在他心里，刺激着他的神经。他没说话，咬了咬牙，拿着书出门了。

他告诉我，在他最孤独的那段日子里，总觉得自己和这个世界格格不入，他不是大多数，甚至害怕自己成为少数人。后来他告诉我，那时，他最喜欢的是我微博上的那句"耐住寂寞，守住繁华"。

但生活不是励志故事，第一年，他落榜了。

有时候，**我们不得不接受生活的残忍，但同时还要固执地相信未来。**

落榜后的嘲笑更是铺天盖地而来，原来的"大多数"是室友，现在连家乡的朋友也加入了"大多数"人的阵营。

父母告诉他："孩子，咱们回家，爸妈给你找工作，也挺好。"

他在电话那头努力抑制住眼泪："爸、妈，让我再试一次，这一次不行，我就回家。"

接下来一年里，很少有人见到他发朋友圈，据他的朋友说，他的生活里只有两件事：读书和做题。

第二年，他考上了北京师范大学的心理学院。

再次见到他时，他对我说了一句话："**有时候，人啊，就要盲目乐观，要不然还真扛不住这么多人的嘲笑。**"

二

"盲目乐观"这四个字很简单，很有用，但真的能做到的人，太少。

我们在向上的路上，遇到过大规模的嘲笑、鄙视，在这样的环境里，很可能还会遇到失望、沮丧和分别。

如果没有点儿盲目自信的能量，怎么坚持下来？

后来，他给我看了眼他那条私密的朋友圈，那是他落榜后写给自己看的一番话：**你们笑吧，打不倒我的，只会让我变得更强。**

那是我第一次觉得，笑，有时也是一件很可怕的事情，因为笑可能是讥笑、耻笑、嘲笑，当一个人和别人不一样时，被"笑"就成了家常便饭。笑，似乎是大多数人的特权，是少数人的梦魇。

但谁又能说，少数人一定是错的呢？

一位小学老师曾给我讲过一个故事：一个孩子从小的梦想是摘星星。当他把梦想说出来时，全班都开始笑，笑声过后，老师沉默了几秒。

老师说："你们笑够了吗？"

全班鸦雀无声。

老师继续说："你们笑完之后，又能怎么样呢？"

说完，老师也干笑了几声，笑得尴尬，笑得无奈。

他继续说："各位，你们笑完之后，他的梦想还是摘星星，不会变！可如果以后他真的摘了星星，笑的人会是谁呢？"

这番话改变了这个孩子，十年后，他考上了天文系。

他说，他的梦想还是摘星星。他说，总有一天，他要找到一块星星的化石。

毕业后，他对老师说："老师，谢谢你，让他们笑吧，但我不会哭。

我会是笑到最后的那个。"

这位老师跟我讲完这个故事，自己热泪盈眶，他说，多少人就是被"大多数"人的笑声止住了脚步。

三

《哆啦A梦伴我同行》里有个片段，令人感动：大雄长大了，于是哆啦A梦就走了。

大雄哭着说："你为什么要离开我啊！"

哆啦A梦说："总有些路，你要自己一个人走。"

原来以为，越长大越孤单，后来发现，越长大不是越孤单，而是这世界，原本就是个孤儿院。

曾经，我们以为自己可以是大多数人。其实，每个人在这世上，都是少数人，都要学会一个人。

随着长大，你会发现，有些路父母不能陪你走，爱人无法陪你前行，孩子有自己的世界，朋友有自己的生活，这条路伴随着不理解，伴随着嘲笑，伴随着大多数人的反对。那么，这条路，你还走吗？

试试吧。

许多路，都是一个人，一步步走完的。

路途孤独，可谁又不是呢？孤独是常态，相聚总要分别，无非是时间长短罢了。坚强点儿，一个人，也要学会开心、幸福、成长。

四

其实，我不太认可"少数人"和"多数人"的分别。

因为，少数人在特定的时刻，也可能是多数人，多数人在某些时间，也可能是少数人。

这也就告诉我们，当我们是"少数人"时，别怕孤独，更要勇往直前。

当我们是"多数人"时，请善待每一个"少数人"。

少说点儿冷言冷语，少些嘲笑、讥笑，多些温暖。

一个社会是否健全，就是看你怎么对待少数人：无障碍停车位是否堆满了杂物，盲道是否停满了自行车，单身时会不会被歧视，身材矮小时是否会被霸凌。

当你是多数人时，只有尊重每个人，社会才能更美。

当你是少数人时，只有坚持不懈地走着，人才能看到曙光。

给大学生的几点忠告

看了李文星之死的新闻，心情久久不能平静：一份本以为是上市公司的录取通知，却最终让李文星走向了生命的尽头。

首先我的理解：该被罚的一个都别想逃。

发布虚假消息的 App 网站、传销组织，一个都别想逃掉惩罚。

这些年这样的诈骗很多，我的微博后台就有好多。

这些骗子往往都利用了大学生们刚入社会，信息不对称、经验不丰富又想赚外快的思维漏洞，大做文章。

我曾经写过一篇文章，《以赚钱为目的兼职是最愚蠢的投资》。文章发出后，很多人说我没有考虑那些家庭条件不好的同学。

家庭条件不好，不更应该多学习多见识吗？这样以后才能赚到更多钱，才能有机会去更大的平台改变命运，才能分辨世界的丑恶，才能明白世界的美好啊！

这条新闻很火，我却很难过，有几条建议，想分享给你们：

一

大学四年尽量不要为了赚钱而去做兼职。

兼职，是为了提高能力去，而不是为了赚钱。

为了赚快钱很愚蠢，因为毕业后，你有的是时间去赚。

现在赚了钱，却付出了本应提升自己的时间，到头来，毕业后没有能力，反倒赚不了钱。

大学最重要的是提升自己，而不是为了那点儿钱去购买无聊的虚荣。

二

所有的兼职，只要对方找你要钱，扭头就走，绝对没错。

无论对方用什么理由，服装费还是押金，承诺以后会退给你，你直接转身走，肯定没错。

你想想，你去工作是赚钱，怎么会花钱呢?

他今天找你要了五十元，明天就会找你要一百元，直到要到你倾家荡产，要到他们集体消失。

三

给所有用人单位的简历上都要习惯性地打上水印。

个人信息的泄露是这个时代的大问题，重要的是你根本不知道对方拿你的信息做了些什么。

比如你刚赚了点儿钱，就有人问你要不要买房。

比如你刚高三，就有辅导机构给你打电话，问你补习吗。

比如你找了份工作，所有兼职都来找你，你就应该明白，信息被泄露了。

所以，在不得不暴露你的身份证、姓名、出生年月日、电话时，一定要打上水印，以防被人盗用。

四

永远不要留父母的电话。

上了大学，意味着你已经成人了。所谓成人，就是自己可以负责自己的言行，无论找什么工作，都不应该留下父母的电话，让他们帮你负责。

倘若是诈骗呢？倘若父母无能为力呢？

留下的只可能是父母的担心，没有一点儿好处。

如果非要留，留几个好哥们的吧。

五

不要廉价出卖自己的劳动力。

学校门口餐馆洗碗、学校门口发传单、麦当劳里端盘子……这些工作就算了吧。

我没有歧视这些工作，即使不上大学也能做这些工作，那为什么要在大学四年里做这些工作呢？

那你上大学干吗呢？

难道不能厚积薄发，珍惜时间，先学习提升自己，再去更高的平台吗？

等你财务自由了，再去体验一下这些工作难道不更有意义吗？

六

远行前一定要跟朋友说一声。

无论去哪里，只要是远行，一定要让至少一个朋友知道你的行踪以及回来的时间。

这样，当你没有按时回来或出现危险时，第一时间报案能省下很多时间。

永远不要单线作战，要找个伴儿，让他知道你的行踪。

比如女孩子，上车后给同学打个电话："我上车了，半小时后在校门口接我吧。"

别小看这句话，很多时候，这句话救命。

七

所有的工作，最靠谱的永远不在网上。

作为一家公司的创始人，我十分负责地告诉你们：当我们有一个好的工作职位空缺时，首先是内部推荐，当内部推荐不合适时，就选择朋友圈发布，让朋友推荐合适的人。

实在都找不到了，才在网上发布。换句话说，网上发布的职位往往都不是最好的，或者都不是最靠谱的。

如果你想要找到最靠谱的工作，首先是要进入这些圈子，找到需要匹配的能力；然后是扩大能力和社交面，这样才能找到靠谱的工作，这个往往靠的是机遇。

那些说工作不用坐班，不累，离家近，年薪百万，还被发到网上供所有人抢的，一定是骗子，请留意。

八

永远保持怀疑，并且相信美好。

年轻时容易相信人，却忘了世间的丑恶永远存在。

所以很多人在被丑恶伤害后，就走向了另一个极端：世界都是肮脏丑恶的。

其实不是，我们要对这个社会保持警惕，但同时要相信美好是可以通过我们的努力获得的。

所以，**正能量不是什么胡乱鼓励别人要坚强、要相信，而是见证世间丑恶，依旧相信美好的心境。**

论孤独与社交

一

小时候读《瓦尔登湖》时，我注意到一个细节：亨利·戴维·梭罗，为了躲避这个世界的复杂关系，一个人逃到了湖边。但如果你仔细读，会发现，瓦尔登湖的小屋中，梭罗还是摆了三把椅子：独处的时候用一把，交友的时候用两把。

换句话说，梭罗并不是放弃了社交，他只是放弃了低质量的社交。

人需要社交，有时候你会发现，一位孤独老人就算身边有只狗，都能够活得更长，生活质量更高。

《科学家》杂志里曾经写过一段话：长期孤独感，相当于每天吸十五支烟。相比于普通人，孤独的人有 26% 的概率更早地死亡，无论从哪个角度来说，孤独都不是个好的词语。

但这并不代表我们可以随意社交。

我曾经写过《你以为你在合群，其实你在浪费青春》，告诉大家不要盲目合群，不要随大溜，有时候平静地努力，孤独地奋斗，比低质量的社交要好太多。

这篇文章出来后，许多人质疑，难道人不应该社交吗？人不应该群体生活吗？

所以，我们来论述一下孤独与社交。

人本来就是群居的生物，原始时期落单的人，往往会遭到猛兽袭击，为了保护自己的安全，人开始了群居，群居的记忆写在了基因里。直到今天，每个人都会害怕孤独，所以，社交也是理所当然，只不过，现在这个互联网时代里，人应该放弃的是低质量的社交。

什么叫低质量的社交呢，我的解释是，当一个聚会超过六个人，基本上就是低质量的了。因为人一多，谈话很难深入，大家都在聊表面上的内容，不痛不痒，除非有一个十分厉害的人可以穿针引线，但这样的社交达人又很少。

所以，我们并不应该反对社交，而是应该找到属于自己的群体，找到合适的社交方式，找到一种高质量的社交方法。

其实，人这一辈子，一直在找属于自己的群体。有些人是人类，但和我们不是一类人。

于是，我们终其一生，都在寻找我们那一类人，来让我们不那么孤单。

好在，我们有了互联网，互联网能帮助我们连接到更多和我们一样的人。

比如，在考虫的群里，有好多天南地北的人，通过一根网线，成了好朋友。他们互相鼓励，早上起来早读，晚上睡前分享，互联网让人似乎变得没那么孤独了。但互联网让人更加充实了吗？

二

你是否发现，随着互联网的兴起，我们更容易和更多人发生连接，但我们并没有变得更充实。相反，许多人越来越孤独、空虚了。

每次坐火车，我都能看到很壮观的一幕：你只要站起来，就能看到所有人低着头，疯狂地刷着朋友圈、微博、QQ 空间和邮件。

他们似乎在注视着别人的一举一动，但真的在自己无聊的时候翻看通讯录往往没有一个人可以打电话；发了条心情糟糕的朋友圈，却只有点赞没有私聊。

雪莉·特克尔在《群体性孤独》里说："互联网让人交往变得方便，但却加强了真实世界里人与人之间的疏离感。"

科技给人提供方便的同时，也在控制着每个人。

互联网把我们的社交从现实社交变成了虚拟社交，仿佛发两个红包，就等于在一起聚餐；发一杯酒的表情，就等于真的碰了杯；发一条"哈哈哈哈"，就好像真的在笑。

《超级玩家》里有一句台词：你看到的不是真的，你看到的，是我想让你看到的。

这句话之所以写得好，因为它看透了互联网的本质：它不过是人的一面，而不是人的全面，你看到的不过是别人想让你看到的好的那面。当然，你会越来越焦虑，越来越孤独。

有时候，我会觉得，互联网虽然拉近了人和人的距离，却让人感到越来越孤单，这就是我一直强调的，我们不要被动地吸收信息，而要学会让科技重新回到工具的位置，为我们服务。

记得一次回家过年，爷爷费尽全力把几个孩子聚在了一个屋檐下。大家只用了一秒钟，就打开手机，切换到了另一个世界中，他们在那个世界里美图、抢红包、点赞。

可是，当这些孩子真去了那一个世界，还是习惯性地打开了手机，切换到其他世界里。

对于不懂得如何使用高科技的人，有了互联网，孤独反而更加无处不在。

三

我曾经写过：当你疯狂地刷着网页，无聊地调着电视想要去赶走孤独时，你是否想过，应该打开书，开始学习了。

我曾经问过一位老师，为什么有些人宁愿吃生活的苦，也不愿吃学习的苦。

那位老师笑了笑，说："生活的苦是被动的，而学习的苦，需要主动吃。但吃了学习的苦，往往就不用吃生活的苦了。"

而孤独是最好的升值期。

不仅如此，我们还要明白，孤独其实不会让人变得更好，孤独久了，甚至会得抑郁症，但孤独中的修炼，能让人变得更厉害。

所以，请不要浪费自己孤独的时光，因为当你有了家庭，有了工作后，你会慢慢明白：你太怀念那些孤独的日子了。可惜的是，这些日子，一去不复返了。

当然你会问，我可不可以一辈子孤独，一辈子不结婚呢？

四

这些年我们逐渐发现，不愿意结婚的人越来越多了，尤其是大城市里，单身已经成为一种文化。

因为一个人也可以过，有时候还自由一些。在美国，每七个成年人，就有一个选择独居；日本和韩国的单身率这些年也在飞速增加。近几年，中国、印度和巴西的独居人口，也开始飙升。越来越多的人宁可一个人，也不愿意将就。

分享一个数据：截至 2010 年年底，美国已有 3100 万独自一人生活的单身群体。瑞典的独居比例最高，首都斯德哥尔摩独居比例高达 60%。

那这些独居和单身，是不是就像那些长辈以为的一样，意味着失败，意味着日子凄惨?

纽约大学社会学教授克里南伯格的著作《单身社会》中有一句话让我印象很深刻：独居和结婚一样，只是一种生活的可选项，并不是人生失败的象征。

我曾和一个四十岁还没结婚的姐姐聊天，她告诉我，一个人也挺好，如果有合适的，自己也会愿意结婚，但一个人也能活得开心。

这不过是一种选择而已。

说实话我很羡慕她，因为她知道自己想要什么。我想，她也一定顶着父母给的很多压力吧，但那种独立生活状态，还是让我想起了我的好朋友潇洒姐的那句话："按自己的意愿过一生。"

五

如果我来建议，我不同意为了合群而合群，为了结婚而结婚，那样委屈了自己，没什么意义。人生应该是自由的：你想社交的时候，就去社交；想结婚的时候，就去结婚；想孤独的时候，就去孤独。

因为这世界上我们能支配的自由本来就已经很少了，为什么还不去追求自己想要的生活。

但我对大家的社交有两条建议：

第一，好的社交，一定遵循"等价交换"原则。只有等价的交换，才能有等价的友情。具体可以参考我写的那篇文章，《放弃无用的社交》。

第二，放下手机，每周进行至少一次面对面的真实社交。

曾经有个朋友跟我聊天时说："尚龙，你知道为什么我们聚会的时候最喜欢吃小龙虾吗？"

我说："好吃吗？"

他说："不是，因为你吃小龙虾时，没法玩儿手机。"

后来我仔细观察了一下，的确，每次吃小龙虾时，大家都聊得特别高兴。那样的社交才是高质量的社交。

愿我们都能找到属于自己的群体，适合自己的社交方式。无论在孤独里，还是在热闹中，能发自内心的开心，才是生活最好的状态。

PART 4

有没有一个时刻，
让你忽然长大

日子长，我们终会长大；

青春痛，我们终会度过；

爱情虐，我们终会结果；

生活难，我们终会坚强。

做一个有灵魂的人

一

我时常在公司的写作间写作，写完后，通常已经是深夜。孤独是我生活的一部分，但我并不孤单，因为我的公司在三里屯——北京最热闹的地方，这里二十四小时都有人。只不过，这里很少有人有灵魂。这个地方充满着戏剧化，一条马路隔着两个世界，一边是SOHO，另一边是太古里，换言之，一边是工作区，一边是商业区。深夜，SOHO这边，创业的程序员加班回家；太古里那边，酒吧街的夜店灯火辉煌。一边改变着世界，一边消耗着荷尔蒙。

第一次来三里屯时，我有些恐慌，甚至有些讨厌这个地方。那是个冬天，我在星巴克等朋友，零下几摄氏度的北京，也阻挡不了那么多露大腿的女孩，她们时尚地抬起头，面对那些无聊的街拍，挺着胸走在街上。

一路上都是名车、名表、名鞋，每个人似乎都在炫耀着自己的肱二头肌。一到晚上，很多人像是灵魂出窍，只剩肉体。

这个地方，不乏想要成名的人。街拍摄影师要了那些姑娘的微信，说是要给她们介绍电影和杂志封面拍摄。结果，看了新闻才知道这些姑娘陷入一个个圈套，被骗得体无完肤。后来我进了影视圈，才逐渐明白，哪有什么一夜成名，都是辛勤努力的结果，有些就算一夜成了名，也不过是恶名。恶名有何意义呢？但很多姑娘，还是单纯地留下自己的微信，给那些所谓的星探、街拍摄影师，然后一次次被骗，一次次陷入深渊。

那是我第一次感到，这或许是个缺乏灵魂的地方，女人们争奇斗艳，男人们妄自尊大。

离开三里屯后，我说，这辈子再也不会来第二次。

二

当我的搭档尹延告诉我，我们的新办公室定在三里屯时，我吓了一跳。他告诉我，把房子租在那里吧，这样方便出差。

创业后，我定居在了三里屯。我告诉自己，永远不要被同化，永远和这个小世界保持距离，保持思考的能力。

一开始，我经常写作到深夜，然后蹲在马路边，看街道那边的场景：

凌晨几点，几个小姑娘喝得酩酊大醉，豪车名牌在眼前晃来晃去；那些要饭的大爷们数着钱，然后转身上了一辆专车；树旁的呕吐物像是在表达着对世界的不满，远处的"动次打次"像要甩出自己的灵魂；瘫坐在一旁的醉汉，趴在树上流泪的姑娘……我再次确认，这是个没有灵魂的地方。

但很快，我竟适应了这里。

物质主义的价值观很容易被人接受，只要你什么都不顾，敢消费，敢浮夸，什么都没问题了。

逐渐，我从不喜欢这里，到融入这里，直到最后，我发现自己离不开这里。忽然，我发现自己在环境的影响下，变了。

《肖申克的救赎》里谈到过一个概念，叫体制化。一开始你讨厌这里，接着，你适应了，再接着，你离不开它，这个过程就是体制化。

体制化一旦形成，人形成了习惯，也就没有了灵魂。你仔细想想，人在哪儿都有体制化。

我被三里屯体制化了。

我开始参加一些奇怪的聚会，大家浮夸地谈论着今天买的衣服，夸张地聊着今天花了多少钱，酒精麻痹着每一个夜晚。

直到有一天，我也去了一家夜店，蹦跶了一晚上。第二天，头痛欲裂，发现自己莫名其妙花了好多钱。也就是那天，我忽然明白了，环境是改变人的，而人不能没有灵魂。

但如果一个地方，永远是金钱至上，那这个地方自然就没有了灵魂。

而这些环境是能影响每个人的，大家都在做一件事，信奉一种价值观，你能不信吗？

三

在三里屯生活的第三年，我觉得节奏快到我受不了，直到一个晚上，我忽然肚子饿了，想到了一家陕西面馆。我一个人戴着耳机走了过去，才发现这里早就成了一家虚拟现实游戏机厅。我看了一眼那条街道，发现好几家餐厅都没了。我还办了会员卡呢，怎么说没就没了呢？

我也意识到，没了就是没了，一个没灵魂的地方，怎么可能做有灵魂的事情呢？

后来我和尹延聊天，他告诉我，在这儿尽量别办什么会员卡。一是你的选择太多，没必要非在一家办；二是因为这里的店，倒闭、搬走的速度太快，定不下来。

我想起前些日子去日本时，那些深夜食堂，几乎都是几十年的老字号，老板会用一辈子的时间做好一碗面。

可是在这个金钱至上的三里屯，这样是不是太奢侈了呢？

这里寸土寸金，所以总是在拆，总是在重建。如果总是这样，又怎么会留下一些有灵魂的东西呢？

这些思考帮助了我很多，从那之后，我再也没有参加过一些没意义的聚会。深夜，我重新让孤独沁透我的灵魂，重新开始思考，那些丢失很久的感动又再次回来了。

有时我写完东西，会去一家叫 Hidden House（隐藏的房子）的酒吧跟几个好朋友喝两杯。之所以去那儿，一是因为那里安静；二是因为那里没什么人知道。我们一去就去了三年，我时常跟那里的老板国野哥说，你们这里是文化圈的摇篮，多少好的作品都诞生于此。

前些日子，他们告诉我，这里也要拆掉了。或许，对那些人来说，这里不过个建筑，建筑该拆就拆，但对我来说，那里有我三年美好的时光。

当然，我也可以把自己假装成一个没灵魂的人，说那不就是一个建筑吗？

可有时候，那些在那里陪我喝过酒的朋友历历在目，我总会自言自语说："那不仅是个建筑啊！"

四

技术太快，时代太快，更新太快。可是，人却从来没有变过。

毕达哥拉斯学派曾经说过一个理论：灵魂是不死的，身体是灵

222

魂的监狱。

可现在呢？我们发现，许多人成了没有灵魂的躯体，监狱空荡荡，身体晃悠悠。

科学家说，人没有灵魂。但我认为，人至少应该拥有那些美好，相信那些美丽。

环境很重要，倘若环境不对，至少要让自己别那么错。无论世界再繁杂，也要给自己一些独处的时间去思考，而不是被这一切牵着走，到头来发现，生命没有意义。

当所有人都被时代的洪流驱逐，无意识地行走在人流大军中时，我们是否应该有人停下来思考，想想自己为什么出发，想想自己为什么要来到这里，想想自己将要去何方。无论在哪个群体中，无论在哪个环境中，你就是你，是一个独立的个体，是一个具备独立思考能力的个体。

有一本书叫《美丽灵魂：黑暗中的反抗者》，书里讲了四个普通人在集体无意识的前提下，做出了反抗的故事，他们拒绝接受集体的蛊惑，保持独立思考，哪怕身败名裂。

而他们，就拥有着美丽的灵魂。

这个时代，一点也不比任何一个时代差，可我们的思考却越来越少，越来越被大环境牵着走。

社交软件占用了我们大多数时间，网络吸引了我们所有的注意力，游戏占据了我们的生命。

别人做什么我们就做什么，被时代牵着走的我们，注定会丢掉灵魂。

《西部世界》里说，一个人当有了自我意识，才是有了真正的生命。

会不会有一天，人工智能进入了我们的生命，它们有了自我意识，而我们只会随大溜，丢掉了灵魂？那样的世界才是真正的滑稽。

青春一直在，只要你还能勇敢地翩翩起舞

一

马上要去广西签售，忽然想起了一个人，那是一个 1963 年出生的阿姨。

那年，她从柳州考学，和我妈妈一起考到新疆的兵团高护班。那个年代，考进体制，就代表着生存，就代表着优秀。她热爱跳舞，一边读书，一边学习舞蹈；她喜欢跳舞，翩翩起舞的双手像是翅膀，能让她在那个充满限制的体制下有着飞翔的感觉，每次音乐起，她就开始翱翔。

毕业后，她从新疆毕业调回广西，又从广西调到北京，在市政府一家机关单位任职，据说，还当上了局长。妈妈再次见到她时，

已经是分别三十年后。

她们高护班的同学在北京聚会，好几桌，叽叽喳喳地讲着这些年。她两鬓已生白发，皱纹盖住额头。喝了两杯后，大家共同感叹：老了……

喝到兴起时，阿姨说："给你们跳支舞吧。"

她打开手机，手机里放的是一首广西的名曲。她缓缓地站起来，礼貌地说了一句："好久没跳过了，见笑。"她把厚重的羽绒服脱掉，苗条的身材像羽毛，开始了舞蹈。她时而闭上眼，时而抿着嘴，沉浸在那久违的旋律中。

她舞动着身体，忘我地展现出身体的每一丝美，虽然年纪已老，却依旧难挡年轻时的妩媚。妈妈和战友们看得入迷，不说话，像进入了梦境，像看到了仙女。她们就这么看着，第一遍旋律结束后，她们才被第一声鼓掌打断，从梦境中醒来，一齐鼓着掌。

阿姨弯腰鞠躬，像是在完成着自己的舞蹈动作，又像是一个礼貌的回礼。直到音乐淡出结束，掌声中，她抬起头，瞬间，她的眼睛红了。

妈妈递过去一张纸，跟阿姨说："都过去了，以后可以随便跳了。"

那天，是阿姨退休的第一天。

二

这是一个悲伤的故事，因为在那个保守的年代，女生不宜跳独舞。

她第一次跳独舞的时候，刚刚参加工作。那天，她喝了好几瓶新疆的"夺命大乌苏"，微醺中，她说："我给大家跳支舞吧。"一位女护士怪气十足地说："王护士还会跳舞呢？"

她没听出来这位女护士的阴阳怪气中带着刺刀，仗着酒精，一边哼着歌，一边跳着舞。她入情地跳着，完全没有在乎周围人的眼光。那个年代，谁允许你凸显自己的美的，谁允许你用个人光环映射集体光环的？

可她全然不知。她跳完舞，礼貌谢幕，意外的是没有一个人鼓掌，只有一个她们单位最呆的同志拍了一下手，然后环顾冷清清的四周，尴尬地挠了挠头。从此，她开始被单位的女性群体孤立，她不知道发生了什么，直到一天晚上，她被要求调离单位。临走前，没有一个人送她，她孤单一人离开了单位。

她不知道跳个独舞哪里错了，这是她的爱好啊。

带着难过，她离开了原单位，而她不知道，自己的噩梦才刚开始。

三

第二个单位男领导多，女下属少，她想，终于没有嫉妒的眼神和话语了，她可以跳舞了。她最开心的事情就是每天下班后，在单身宿舍里打开收音机放着家乡的歌曲,翩翩起舞,无论多难过的一天,只要听到那些熟悉的旋律,烦恼都会被抛到九霄云外。

她只有一盘磁带,一遍遍地反复听,不停地听着。

她第二次跳独舞,是在单位的年会上。她打扮得很美,上台前,她特意跟单位的摄影师说,给自己多拍几张照片,尤其是她在奔跑、跳跃、旋转时,记得要把胶卷留给她,因为那是她最美的一天。她要用相机记录下这一切的美好。

可是,她万万没想到,正是这次舞蹈,给她惹上了麻烦。

那之后,她遭到了单位男同事的骚扰,其中很多人都是已婚。摄影师说,你跟我在一起,我就把胶卷给你。其他男同事跟她讲不痛不痒的荤段子,其中一个,还是她的领导。那天,领导以谈工作为由,请她到他家中,借着酒精,按倒了她。她挣扎着打了过去,愤怒地喊着:"你把我当成什么人了?"

领导捂着脸冷笑:"你要是不想勾引我,干吗还要跳那种舞蹈?别口是心非了。"

那时,没有"直男癌"这个词,如果有,那个领导早就晚期了。

他们不知道女人的舞蹈是跳给自己看的,打扮是给自己看的。那时,她知道了一个道理:想要在这种单位生存下来,女人一定不要跳独舞,因为女人会孤立她,男人会骚扰她。

回到家,她对着收音机流着眼泪,然后忍痛把磁带从收音机里拿出来。最后,她卖掉了收音机,只留下了那盘磁带,还有那段独舞的美好。

四

之后的十多年，姑娘变成了阿姨，基层的经验让她升职很快，圆滑的个性让她少走了很多弯路，努力地工作让她不再受人冷言冷语。四十岁那年，她来到北京，成为一名副局长，掌管实权，重要的是，那届领导班子里，只有她一位女性。

她的下属听说她年轻的时候喜欢跳舞，就送了套音响，还送了她最喜欢的歌曲刻成的 CD。下属让她秘书在她进办公室的时候放起她熟悉的旋律，秘书照做了。她在忙碌一天后，疲倦地走进办公室，忽然听到了曾让自己舞动的歌曲，可是，老练的她马上冷静了下来。

她问秘书："这是干吗？"

秘书说："刘科长知道您喜欢跳舞，特意问了您原来的同学，给您送了套音响，您可以重拾一下旧时的爱好啊！可以没事的时候，跳跳舞放放松啊！"

她看着音响，然后转向秘书，冷冷地说："不用了，给他退回去吧。"然后挤出一丝笑容，"我早就不跳舞了。"

年轻时不能舞蹈，老了却不愿舞动，一无所有的时候期待光环，以为光环就是翅膀，有了光环后，才发现所谓的光环，不过是枷锁。

戴着枷锁，永远不会展翅高飞，永远不能翩翩起舞。

五

饭局上，妈妈告诉我，阿姨今天退休了，所以可以肆无忌惮地跳独舞了。这是她这三十多年以来第一次跳，是那么自由，那么无拘无束。阿姨的父母都去世了，丈夫在广西，长期异地，儿子刚出国读书，她过两天，也就回广西了，那是她自己的老家，也是她曾经青春的地方。

妈妈说到这里，叹了一口气，说："我们都老了。"说完，摸了摸两鬓的白发。我看着那位阿姨，她的眼眶依旧是红着的，像个孩子，像个受过委屈的孩子，一边哭一边笑着。

我记得那天饭局结束，阿姨问我："阿姨从今天开始捡起舞蹈，还来得及吗？"

我说："阿姨，只要开始，永远不会晚。"

几天后，我就要去广西签售，给阿姨发了微信："阿姨，我要去你们家乡签售啦！你要来吗？"

阿姨回复我："阿姨不在广西呢，阿姨在上海参加一个独舞选秀比赛呢。"

不知怎么，我忽然被感动了。

点开她的朋友圈，她的朋友圈里只有一张照片，那张照片是一盘陈旧的磁带，上面只有一句话：青春一直在，只要你还能勇敢地翩翩起舞。

瞬间，我泪流满面。

时间终会让我们长大

一

我很幸运，因为我是龙凤胎，有一个姐姐，这能让我的孩子有姑姑。我一直不太愿意叫她姐姐，因为她只比我大五分钟。

长大后，我认识了几个医生，每次聊到生双胞胎或龙凤胎时，他们都说，妇产科的护士完全凭自己的感觉把谁先拿出来。那个接生的护士感觉明显偏向我姐，就这样，她成了比我大五分钟的姐姐，这一偏向就是一辈子。

小的时候我们总喜欢打架，准确来说应该是她打我。小时候女生发育比男生早，所以打起架来，吃亏的往往是我。有时候是为了看电视抢遥控器，有时候是因为意见不一样，然后一言不合就开始吵架，时常一言一语，讲的完全是一样的话。比如"你是笨蛋""反弹""再反弹""再再反弹"，这样一次次的斗嘴很快就演变成了拳打脚踢。

我脑子聪明，摆积木速度快，很快就搭出了模型。她看着模型着急，却不知道怎么放第一块，直到看到我摆完，任凭我哈哈大笑。然后她走过来，心虚地一脚把这些积木全部踢飞，留下我一个人号啕大哭。

二

长大后，我们不再打架拌嘴了。从新疆到武汉去上学，学校里总有人欺负她，说她是大头。她生气地和别人打了起来，又很快被打哭。我立刻冲出去，撸起袖子替她打抱不平，结果也被打哭。我们就这样被欺负了好久，时常一起哭。

直到我们上六年级，才有了好转。一天她被一个男生欺负，回到家跟我讲了前因后果，我和几个朋友在楼道里把欺负她的那个男生教训了一顿。从此大家知道，这女生不能欺负，她还有个哥哥呢！她不服气地说："不，是弟弟！"

上了初中后，她开始认真学习，动不动就考进年级前十，老师时常表扬她，而我动不动就被批评。那个时候学校的学习氛围不好，我不怎么学习，总跑到学校外。每次考试前，老师都语重心长地说：

"你看看你姐，再看看你。"

一开始我还有点儿自尊心，后来也习惯了。

初三那年，我姐喜欢上一个男生，结果不如意，她很伤心。回家的路上，她一边讲一边流泪。我安慰她，都会过去的。她说："你也要好好学习，不能考不上高中。"我说："这都哪儿跟哪儿啊？"她说："你考不上高中就不能保护我啦。"

三

高中的时候，我差点儿和一个女生谈恋爱，对方是一个不爱学习的女孩。我也不怎么爱学习，成绩一落千丈，结果被姐姐甩出了几条街。那年分实验班，我差点儿被分出去。于是，我痛定思痛，把心思放在学习上。姐姐开始拉着我每天上自习，给我补课，教我怎么做题，我们一起在自习室做理综然后互相改。遇到不懂的地方，我们就一起去问老师。

有一次回家路上，我看见了那个女生和一个男生一起走，我骑车在路上，忽然失声痛哭，不知所措。

姐姐跟我说："放心，会有更好的。只要你还相信你以后会更好。"

我说："鸡汤！"

我开始埋头学习，准备高考，关于那年，我没有什么记忆，只记得我们一次次从自习室里出来的景象。一路上我们叽叽喳喳，聊着未来，聊着过去，聊着现在。

四

高考后我读了军校，军校的校规要比其他学校严格，我想倾诉却没人可以诉说。那时不能用手机，我和外界断了联系。

好在那时写信免费，于是，我开始写一封封信寄给姐姐。几年后，她把一个抽屉打开，里面满满的都是我写给她的信。她说："看得出你那时好痛苦，写的文字这么矫情，不像现在这么二。"

我说："肯定不是我写的。"

大一那年，她来北京参加比赛，我刚好因训练腿骨折了，挂着拐去看她。在鸟巢看到她时，我面露愁光，"这不是我想要的生活。"

她告诉我："如果这不是你要的，那你要问问你自己想要什么啊！"

我说："我不知道，但我知道这不是我想要的！"

她拍着我说："那你要不要跟我一起参加英语演讲比赛？"

在没光的时候，只要看到一丝亮，都是人生的曙光。我开始像疯子一样练习口语，一次次在空旷的教室里疯狂地练习着。那段日子，没人理解，只有无数冷眼。那段委屈，我无法诉说，只能一次次打电话给她，她只是简单地告诉我两个字：坚持，然后就挂了电话。

后来我才知道，她之所以说话特别简单，是因为那时她在谈恋爱呢。

五

那应该是她的初恋，懵懂无知，单纯用心。两人毕业后，双双来到北京，男生来北京读书，而她是来办出国的签证。那时我已经从军校退学，陪着她在大使馆办理了所有手续。她出国时，我送她到首都机场，临别前，我说："快去吧，记得经常打电话。"

她走进安检口，不停地回头。我转身，眼泪就开始往下掉。

我想，这应该是我们第一次生活于不同的国家了吧。

我不知道她在国外受了什么苦，只知道我去美国看她时，她含泪说自己这段时间经历了太多磨难。我只知道她回国后就和男朋友分了手。有一次我帮她拿手机时，清楚地看到她抹着眼泪的自拍……

不过，谁的青春不痛呢？

两年后，她回国，我问她，想去哪个城市。

她说："当然去北京了。"

我没问为什么，但我应该知道。

一次她喝多了，我开着车把她送回家，一路上都在骂她，她半清醒地说："我在北京这么嚣张，还不是因为我知道出什么事情都有你顶着啊！"

六

北京米贵，北漂不易。我们都在北京，但见面次数变少，忙碌占据了我们生活的大部分，虽然住得近，却最多一个月见一次，偶尔也只是在家庭群里互相臭贫一下。我们回家的次数也越来越少，时常是她回家我不在，我回家她加班。

父亲曾经说过："你们都会长大，都会有自己的家庭。"

后来我明白，每个人都会长大，都会面对柴米油盐酱醋茶，都会有自己的家庭和自己的世界。

而亲人只希望你好，默默地祝福着就好，不打扰。

七

她找了个靠谱的男朋友，我们时常在一起吃饭，聊到过去的事情时放声大笑，回家时我忽然明白：不用我送啦！

虽然是解脱，但心里空空的。

她的男朋友很有担当，也很会照顾人。她很幸福，时常在朋友圈里更新着自己和他的动态，有她的地方，她男朋友一直跟着。

我默默点赞，安静祝福着。

这些年她在北京努力着，我也奔波着，在这个世界里找寻着自己的归宿，在不同地方签售行走。

直到有一天，她男朋友给我发微信："尚龙，晚上有空吗？我要求婚了。"

我看着微信，忽然眼睛红了，我推掉所有的事情，简单回复一句："准时到。"

八

2017 年 2 月 21 日晚上 9 点，教堂里，他们正在讨论着《圣经》，而我们交头接耳地密谋着什么。

结束后，她男朋友站了起来，说想和大家分享一下。万众期待中，他走到人群里，掏出一枚戒指，面向姐姐说："谢谢主，能让我遇到你，骨中的骨，肉中的肉，从今天起，我不会让你受苦，你愿意嫁给我吗？"

我举起手机，努力想记录着这一时刻，直到她一半震惊一半欢喜地点头，说"好"。我才发现自己已经泪流满面。

戒指被戴到她的无名指上时，我已看不清眼前的画面，泪水模糊了我的双眼，二十七年里的回忆瞬间浮现在脑海中。忽然有无数的话，不知道怎么说，脑海里只有几个字不停地重复：要幸福，一定要幸福……

九

这是一个弟弟的独白，接下来要进入尾声了。

写了这么多文字，终于有一篇要写给最亲的姐姐了。我从来不当面叫你姐，但我知道，五分钟就是五分钟，我认，所以：

谢谢你陪了我二十七年，接下来的日子，你要认真幸福地生活下去。

谢谢你找对了人，就互相帮助、互相搀扶地往前走吧。

不用担心我，我求婚的时候，你们的眼泪都要还给我！

原来只有弟弟保护你，现在多了个男人，他比你弟弟更强，更能让你开心，你要跟随他的脚步，和他共同面对生活里的困难。

那些你受过的苦，我和他都不会让你再经受。

还记得我说的吗？世界上所有的苦难，终究有一天会烟消云散。

你又要说我鸡汤了，虽然我知道，你从不允许别人在背后说我写鸡汤，但我清楚地明白，你其实想说的是：只有你能骂。

日子长，我们终会长大；青春痛，我们终会度过；爱情虐，我们终会结果；生活难，我们终会坚强。

我会一直在你们身边呵护着你，所以，要幸福哦！

有些旋律，能让我们不那么孤单

一

姐姐怀孕时，给我打了个电话："想办法给我弄四张周杰伦演唱会的票，我要听。"

姐夫在电话里担心地说："别逞强了，那么多人，万一出事怎么办？"

她笑着说："那是我的青春啊。"

那天，她笑嘻嘻地走进工体，大摇大摆地拿着票，乐呵呵地拍着照，我们护送着她走入看台，坐下。

她说："等会儿我要嗨，你们都别管我。"

可是，音乐响起，我转身看她，她早已泪流满面。

我知道她不是喜欢台上那个偶像，而是熟悉的旋律让她想起了太多青春时的故事：第一次罚站，第一次打架，第一次懵懂，第一次拿着随身听递给曾经喜欢的男生……

她递给我一张纸，一边哭，一边跟我说："你别哭了。"

我才发现，眼泪也挂在了我的脸上。

我知道她为什么会流泪，就像她也知道这些年我是怎么走过来一样。一路摸爬滚打，从不回头地倔强地奔跑着，不靠任何人独自努力着。

从一无所有，直到今天。

演唱会结束后，我嘲笑她快三十岁的人还追星。她说："**我不是追星，是因为音乐里能储存故事，它让我想起了许多过去的事情，这些事情，我以为都忘了。**"

二

2012 年，我第一次听五月天的演唱会，阿信唱到《突然好想你》时，前排一个男生拿起电话打了出去。

音乐里，他笑着大喊着："你听，我在鸟巢，我答应你的事情完成了！"说完，他把免提打开，对着天空摇摆着。

我看着他，想：电话那头是谁？是前女友，还是异地很久的恋人，还是许久没见的朋友？

音乐结束，他放下手机，原来对方早就挂断了电话。但直到演唱会结束，他的嘴角一直挂着笑容，我忽然明白，**他答应那个人的这件事情，其实是答应了过去的自己。**

每次演唱会，我都能看到身边有人流眼泪，那些眼泪，透射着过去，照耀着未来。

2015 年，我陪几个同学看演唱会，身边一位男生给前女友发语音，语音中，只有现场的音乐，没有他的一句话。

我无意间看到，语音没有一次发送成功，每一条语音后面都有一个红色的感叹号。我打开手机，发现信号是满格，我忽然明白，前女友已经把他拉黑了。

演唱会后，他跟我说："这些音乐，其实是发给自己的，嗯，是过去的自己。"

说完，他的眼圈就红了。

为什么喜欢一首歌，因为它发光。

为什么喜欢一个人，因为他也发光啊。

为什么追随一个人，因为追随他时，自己也发光啊。

三

2016 年，五月天来北京开演唱会。

一个朋友在朋友圈里发了一条内容：2012 年，你们来了鸟巢，我想去看你们，领导让我加班，作罢；2013 年，你们去了石家庄，我陪领导在外地出差，失约；2015 年，你们再次来到北京，我在项目上，再次擦肩而过；2016 年，你们又来了，我买了票，辞了职，这一次，不再失约，北京见。

我想，他辞职的原因可能仅仅是为了看五月天，可能更复杂。但音乐的魅力，在于它能留住一些故事，当音乐响起，故事缓缓流出，以为忘却的事情，却在某个旋律后，若隐若现。

我记得有个女孩跟我讲过一个故事：她第一次买票时，自己还在一个酒店当领班，月薪八千元，所以买了一张两百五十五元的票，坐在很远的地方，听着音乐，跟着一起唱。

在现场，她告诉自己，下次五月天来了，自己要买一张五百五十五元的票，这样能离他们近一些。

第二年，她从领班晋升成了大堂经理。她买了一张五百五十五元的票，离他们近了很多。

第三年，她辞职去了另一家酒店，工资翻倍，生活圈都发生了改变，可是她还是在车里放着五月天的歌。

第四年，她买了内场票。音乐响起的时候，她猛然回头看着自己曾经坐着的看台位置，一束光打来，她仿佛看到了一个女生，挥舞着荧光棒：那是四年前的自己，是原来的自己。

她忽然明白，这些年所谓的追星，追的根本不是明星，而是更好的自己。

四

小的时候父亲告诉我，**科学是一个公园，美学是一片郁郁葱葱的树林，而文学，就是在水里倒影的那个世界，音乐，就是从水下看到上面的那个世界。**

这个世界没有文学也可以，风景依旧可以美好，但没有池塘里那片景色，世界就少了些美好和想象。

演唱会现场，一对情侣听着周杰伦的《半岛铁盒》。那是周杰伦十五年前的一首歌，男生跟我一般大，听这首歌时，一定也在读初中吧。

音乐响起不久，男生泪流满面，显然，他想起了初中时的姑娘。

女生坐在男生身旁，她笑着掏出一张纸，擦掉男生的眼泪，大声地说："都过去啦，现在你只有我。"

男生看了一眼那个姑娘，笑着，紧紧地抱住了她。

是啊，那些逝去的，离开的，都过去了。

现在的，就是最好的。

谢谢这些歌，能让我们记住那些美好，留住那些故事。

谢谢这些音乐，能让我们变成更好的自己。

谢谢这些旋律，让我们一个人时，不那么孤单。

选择更自由的方式过一生

一

《飞越疯人院》的导演去世了。这是我看过的最好的电影之一。

如果说有在我青春里最影响我的电影，那么它们就是《肖申克的救赎》《楚门的世界》，还有《飞越疯人院》。

它们在我最绝望的日子，告诉我什么是希望；在我最困惑的时候，告诉我要自由。麦克·墨菲在疯人院里和别人打赌，说自己可以抬起那块大理石丢出窗外去镇上看球。在无数的嘲笑声中，他奋力到满脸通红，大理石却纹丝不动。结束后，面对所有人的震惊和嘲笑，他说："我试了，至少我他妈试了。"

他告诉那些关在疯人院里的人，要去追求爱情，要去捕鱼玩耍，要去看外面的世界，要去打破桎梏，追求自由。

可那些苦口婆心最终无济于事，他最后被人切掉了小脑，变成了一个植物人。

在酋长最后逃出疯人院后，我的眼泪止不住地往下掉，终于，他自由了。

当一个人决心在疯人院这样的环境里追求自由，是要付出多么大的代价。有些代价，甚至是生命。

二

我时常会在夜晚问自己一个问题：没有自由的生活会怎么样？

许多人说，不会怎么样。

是啊，就像"疯人院"里的那些人，他们不会怎么样：他们还在生活，还在吃着自己不需要的药，还在每天打牌赌博，只是受着严格管理，只是不能看球、不能外出。

这样的生活能怎么样呢？

你去看身边的人，那些每天不得不去上班的人，那些日复一日重复着生活的人，他们不都是这么过的吗？

不能怎么样。

可是，一旦一个人的思维变成了"那又怎么样？"时，他也就失去了对自由的渴望，失去了对希望的执着。

但那只叫活着，不叫生活。

没有生活又能怎么样呢?

不怎么样。

如果可以将就，什么样都不怎么样。

三

我无法想象自己没有自由会怎么生活，的确，你可以告诉我自由是相对的，不是绝对的。

你也可以告诉我，《肖申克的救赎》里的安迪也是自由的，因为他至少能自由地呼吸啊。但是，这样的自由，在现在这个时代里，是不是太低级的需求?

当一个人无法决定自己的去处，无法左右自己的命运，这样的"自由"还是自由本身吗?

在我们为数不多可以支配的领域里，是否还要缴枪投降呢?

曾经的我，是无所谓的。

但今天，我不去自己不喜欢的场合，不见自己讨厌的人，不做自己厌烦的工作，不按照不喜欢的方式生活。并且，我希望永远这样下去。

我的转变，只是因为我看到安迪在大雨中逃离了肖申克监狱，看到楚门划船撞破了纸墙，看到印第安人从疯人院冲了出去……

谢谢那些电影，给我带来的希望。

四

自由并不是这么简单。

所有的自由背后都是自律，没有自律的人，是没有自由的。

换句话说，一个人无法用自己的能力实现财务自由，就不会有身体的自由，你无法控制自己身体的去处，也就不会有灵魂的自由。

你不能拿着父母的钱说自己要浪迹天涯，你不能穷得叮当响还说自己只要诗与远方。

我认为的自由是承担自己的责任，对自己负责，有自己的长久规划，足够自律。只有这样，才能按照自己的意愿过一生。

哪怕不行，也不要按照自己讨厌的方式活一生。

我认为的自由，是有资格和能力跟不喜欢的东西说"不"，而不是一直微笑着委屈自己。

我认为的自由，是不停地打破这个世界对自己的禁锢，获得解锁世界的更多权限。

我认为的自由是生时潇潇洒洒，死时无愧于心。

而这些，需要我们一辈子的修行。

有没有一个时刻，让你忽然长大

一

从姐姐怀孕三十九周时，我就开始每天往她家跑，每天起床的第一件事就是敲响她家的门。

我不会做饭，也不知道能做什么，有时候帮着点外卖，有时候做做家务，陪她玩玩游戏。虽不知道具体能做什么，但我明白，陪伴是我唯一能做的事情。

我和姐姐是双胞胎，一起长大，从出生开始算，她已经陪伴我二十七年了。

她生产时，我正在上课，不知怎么了，讲过几百遍的课就是不停地犯错，段子讲不出来，知识点卡在嘴边，心堵得慌。

于是我拨通了姐姐的电话，她焦急地喊着："别来，帮不上忙。"

我还是去了，那堂课少上了二十分钟。对我来说，工作可以没有，姐姐只有一个。

她最重要的时候，我必须在身边，就像我每个最重要的时刻，她永远在身边支持着我一样。

产房外，家人无法进入，从门缝里能看到医生和姐姐的背影。

我情绪焦躁，母亲多次端来水，我拿着杯子，然后放在桌子上。

六小时，病房里没动静，医生索性关上了门，一条门缝也没留，关闭了我所有的信息通道。

后来我才知道，一切并不顺利。姐夫情绪激动，甚至影响了医生。好在是私立医院，医生很耐心，一直陪着姐姐。

六小时里我无能为力，只能祈祷着：神啊，少让我姐受点儿苦吧，如果可能，都放在我身上，我来扛。

我不知道神有没有听到我的祈祷，但至少母亲听到了，她说："别瞎胡说，你哪有那个功能？"

终于，凌晨2点33分，孩子诞生。七斤半，男孩，姐夫发了条微信：母子平安。

从门缝里，我听到了孩子的哭声，生命的声音瞬间穿透了我的灵魂，一转头，泪流满面。

妈妈拿出手帕，拭去我的泪，说："我说都会没事吧。"

我倔强地说："你什么时候说了？"

说完，我笑了，妈妈也笑了。

回家的路上，已经是凌晨。我望着北京的高楼，望着霓虹灯下的一切，想起这些年的种种。忽然，我开始明白，孩子啼哭的刹那，为什么我会泪流满面。因为那一时刻，我意识到了我们这代人已经长大了。

生命面前，什么都显得渺小，谁出来的时候都是哭着的，无法改变哭着出来的事实。如果可以，至少做到不留遗憾，笑着离开吧。

二

长大意味着独立，意味着承担，也意味着改变。

我的朋友小虎也是这样。他是个功夫演员，年轻的时候，从不怕做各种动作，导演让他从什么地方跳，他就从什么地方跳，摔骨折过，甚至半个月没有下过床。

他的大胆，在电影圈出了名，直到有一天，导演让他从一个烂尾楼的二层往下跳。他站在窗户上，迟迟不敢。导演几次喊了开始，接着又喊了停。

他跟导演说："我不敢跳了。"

导演问为什么。

他忽然哭了。

后来他说，那一刻，他忽然意识到自己的青春过了，不敢跳了，不知道为什么，就是不敢了。

人的一生中都会经历一件标志性的事情，当它发生时，令你热泪盈眶，令你感叹时光的流逝，令你感觉到自己不再年轻。

我们控制不了时间，唯一能控制的，只有自己的心态和心情。

后来几次课上，都有学生跟我留言，说："老师，你好像什么都知道。"

我说："才不是呢。"

他说："那我看你从来都很淡定、不焦虑的样子。"

我笑了笑，说："可不是嘛，我上知天文下知地理！"

可那天晚上，我在日记本上写了一段话：年轻的时候什么都想知道，所以焦虑地读书、认人、看世界，然后随着时间的流逝，你忽然发现，人不焦虑了。不焦虑了不是因为什么都知道，相反，还是有很多东西不知道，但就是不焦虑了，焦虑没了，青春也就过了。

三

我知道有人又要说我矫情了。

可是我想说：至少我快三十岁了，还知道矫情，你一个十多岁的孩子，整天无欲无求的样子，看着别人看书，就说在看鸡汤；看着别人学习，你质疑是否有用；看着别人努力改变，你安慰自己平平淡淡才是真……

一个人，连基本的情绪都没了，基本动力都没了，还叫人吗？

这些年让我很感动的是，微博、微信后台，每次都有很多人给我留言，说自己的故事。

我很少回复，不是因为没看到，而是有时候不知道回复什么。说实话，我很羡慕那些还知道感动、还知道分手痛苦、还知道未来迷茫、还知道焦虑的孩子，因为他们的未来还有无数的可能性。

因为他们还在努力，还在寻求答案。

但我更羡慕那些人到中年还在努力学习、还对世界充满热情、不愿意成为油腻中年人的人。

他们更了不起。

其实我们都有一天会成为中年人，也会有一天成为父亲和母亲，会有一个时刻，感觉到自己长大了。

那时，会不会后悔青春有些疯狂的事情没做？

如果没做，现在也不晚呢。

我曾经写过：年少时缺钱，年长时缺情，难得的是年少时赚够了钱，年长时依旧多情。所以到今天，我珍惜身边那些人到中年，依旧会有一个瞬间矫情的人。

我曾与一位大我十多岁的兄长喝酒，喝到半截，他忽然哭了。

他说："看到你，想到了当年的自己，如果当年，我也能像你这样，大胆地做自己想做的事情，现在会不会过得更坦然，更不后悔？"

我说："现在也不晚啊。"

他说："晚了晚了，老了。"

我干掉杯中的酒，说："说句冒昧的话，如果你的生命只有最后几天了呢？"

他也喝完了杯中酒，然后笑了笑说："这么想，也不晚，对吧？"

我说："可不是。"

他笑得很开心，像个孩子一样。

那是我认识他这么久，第一次看到他露出了孩子般的微笑。

笑得很美，很单纯。

追逐远方，才能找到家

一

昆明的天气很怪，一会儿大雨，一会儿又晴空万里，像一个孩子，一会儿放声大哭，一会儿又哈哈大笑。

我站在宾馆的高层，俯瞰这座城市，发着呆，忽然想：这已经是我第几个早上站在窗前发呆了？

在北京，我总能睡得很香，但一来到其他城市，不用定闹钟我都会自然起床。只要睁开眼，就睡不着了。

不知道从何时起，我已经把北京当成自己的家，虽然我在这个城市没房没车。

二

这些年，我一直在外面漂，从一个城市到另一个城市。逐渐，我已经忘记了自己是哪儿的人。

我在新疆出生，父母带着我在河南、湖北、北京都住过。

后来的我，又总是在一个城市待不久就要迅速奔波到另一个城市，见到一群人后又很快见到另一群人。

每天早上，我都在不同的宾馆，看着相似的天花板。但梦里，明明在自己的床上，身边是我熟悉的书柜，但睁开眼打开灯，才知道我还身在异乡为异客。

每天晚上，我都穿梭在各个城市中，和不同的人喝上一杯相似的酒。好像通过这样的方法，我能判断出各个城市有什么不同。

逐渐，我明白了一件事，每个城市都有不同，不是城市的文化、设施，而是那些无法割舍的人。

正因为北京的那些人，才让我明白那里才是我的家。

三

其实，每个人都在探索自己对家的定义：有人定居在某处是因为一群人，有人是因为一份工作，有人是因为一个她，有人是因为关于这座城市的某段记忆。

2015 年，我刚开始跑签售时，住过几十元的宾馆，吃过路边摊。但我很感谢那段日子，因为在二十五岁那年，我跑了全中国的所有大城市。而那时我还不知道自己会何去何从，会去哪个地方定居下来，甚至，我还不知道自己是一个什么样的人。

你是谁，到哪儿去，从哪儿来，本身就是个要用一辈子探索的问题。

在全国跑了一圈后，我逐渐明白了住在哪座城市对我来说不重要，但之所以离不开北京，不是因为北京有多好，而是北京有太多我无法割舍的朋友，我喜欢和他们在一个地方喝酒聊天的感觉。重要的是，北京已经有我太多的青春，那些汗水泪水，那些难忘的每天。

这一圈，也让我认识了自己，逐渐知晓了朦胧的未来。

我经常鼓励年轻人去探寻远方。如果有了第一笔不多不少的钱，在安全的前提下，去远方转转。因为你只有去过远方，才能知道哪里是家。

你踏遍更多的地方，才更能知道自己更适合哪里，就好比那些谈过许多恋爱的姑娘最后总是能找到更好的归宿。我这么说你可能会说我三观不正，但不是的，这世上很少有人见一面就相爱厮守的。我们这一辈子肯定会遇见好多人，喜欢上一些人，最后才会爱上一个人。同样，我们会去好多地方，喜欢一些地方，最后才会定居在一个地方，这个地方叫作家。

曾经我和一个洛杉矶的朋友聊天，她告诉我她毕业后不着急买房，要先找个卡车司机男朋友和她周游一下美国。

她说："我要先周游一下美国，等我知道了什么叫全国，知道了哪些城市好，最后再决定定居在什么地方，这样划算。"

后来，她和这个卡车司机结婚了，两个人住在了波士顿。这也是我逐渐开始明白的：追逐远方，才能找到家。

四

那天我看刘若英老师写了一段话："最近几年，当我在机场登机处或者某个演唱会后台等候时，我开始分不清我是正在出发，还是正在回家。"

其实当一个人长期奔波在外，是很难重新再找回家的感觉的。我曾经跟我的好朋友作家沈煜伦聊天，我问他，你喜欢这种跑来跑去的生活吗？

他说："许多人看到我特别光鲜，其实我觉得每天把衣服扔进洗衣机才是真正的生活。"

家是最美好的地方，家是一个就算你头破血流也会为你开门的地方。随着我们长大，我们要离开父母的家，找到自己的家。家不仅是一个房子，更是一片温暖，是一种寄托、一种思念。

所以，在年轻的时候，可以试着多跑跑，看看外面的世界，再决定这个温馨的地方是在何方。

当自己有了属于自己的家后，也就可以停止这样的奔波了，因为每个人的心其实都很小，往往只能住得下一个人。当一个人有了自己的家后，继续开疆扩土就会很累。

因为人可以有很多房子，但最好只有一个家。

没有着落的生活，其实也很累。

五

我认为的青春应该是折腾的，可以从一个地方到另一个地方，从遇见一个人到挥别另一个人，从一个领域跨界到另一个领域。你可以不给自己设限，只要保留底线就好。

但有一天，你遇到了对的人，找到了对的归宿，就要从一种自由的状态变成一种负责的状态。比如你要对妻子负责，对孩子负责，你要学会跟过去那种放荡不羁的生活说再见，甚至你要学会收敛自己的自由，用自律的心态面对新生活。

但你观察身边，又有多少人把日子过反了。

应该自由自在的青春里，他们过得憋屈、委屈，按照别人的意愿找了工作、结了婚、生了孩子，才发现自己这辈子还没玩。

有时候我不太明白为什么这么多人把日子过得这么拧巴，后来我慢慢明白，是因为他们在每个该干什么的时刻都做错了选择。其实，每个今天，都是你最年轻的日子。

在路上的寻觅，总会让你更清醒，会让你更了解自己，也更容易找到家。

疲惫不疲倦，是这一年最好的结局

一

年底，我发烧了三天后，终于苏醒过来。北京的冬天太冷，许多人没有躲过这场流感，高烧过后，是无休止的咳嗽，仿佛在抗议这一年对身体无计划的摧残。

从医院回家的路上，已经是晚上九点多。我望着这座城市的高楼大厦，竟发觉空气难得的好。冷风令人窒息，它们想尽一切办法从我的衣领爬入，占领我的皮肤，我紧紧地扭住衣领对抗着。周围快递员、送外卖的骑手还在忙碌着，三里屯总是车水马龙，东三环依旧是一片红，周围的小区时不时地还能听到几声格外刺耳的车鸣声打破着周围的寂静。忙碌，似乎永远是这座城市的主题。

我在路上走着，想起了很多事，这是我来到这座城市的第十个年头了。

2008年，我来到北京，站在西直门的街道旁，抬头看到一座座大楼，心想：什么时候能有一间属于自己的办公室？

我从西直门一路猛走，不分东南西北，只是暴走着，不知道走到了哪个高档小区。再次抬头，看到那些房间和晾在外面的衣服，心想：什么时候我能住得起这样的房子，拥有这样的生活？

想到那里，我还是把头低了下来，有时候，抬头走路是容易令人失望的。

好在，人可以失望，但不能绝望，奋斗是一辈子的事情。距离那次仰望到低头，我用了将近十年，把这个动作翻了过来。

那些日子，我靠着给自己打鸡血扛过来。我把这些经历写成了文字，后来有幸出版成书，再后来，这些书畅销百万册。有很多远方的朋友说，他们被这些文字感动过，想感谢我。我说，其实应该说感谢的是我。

许多人说我写的是鸡汤，我不同意。当你经历过，感同身受，才有资格评论哪些是汤，哪些是血和肉。

谢谢那些文字传到了读者的身边，也谢谢网络，让他们的回应出现在了我的面前。

二

2017 年，我在安徽签售。得知好兄弟小楠要当爸爸的晚上，我姐姐也告诉我，她要当妈妈了！

除了为他们高兴，我更觉得岁月像把利剑，刺穿了我。原来只是知道人会长大，这次，感同身受的情绪让我忽然意识到，原来我们这群人真的要步入中年了。所有冒充年轻人的伪装，都会随着新生命的诞生，而不得不面对年华。

小楠开玩笑说："晶姐，我生的肯定是个男孩，你生的肯定是个女孩，等我孩子长大了去追你家孩子。"

结果我姐姐生了个男孩，小楠家是个女孩。

姐姐的孩子叫饭团儿，小楠的孩子叫三一。姐姐天天说："饭团儿啊，等你长大了，去追三一啊。"

饭团儿瞪着大大的眼睛，不知道在笑什么。

姐姐生产时，我在产房门口。将近凌晨三点，我隐约听到了孩子的啼哭声，那声音打穿了我的身体，直击我的灵魂。"母子平安"成了一个词汇丰富的作家脑子里仅剩的词语。

爸爸看到孩子就是不敢抱，姐姐笑着问爸爸："为什么不敢抱啊？"

爸爸没说话，我想他一定想到太多抚养我们的情景，我从爸爸的身后看到他的头发白了一半。如果说人生有阶段，爸爸的阶段就是姥爷的阶段了，姥爷的阶段是什么阶段？我努力回想着我姥爷的面孔，他在我不懂事的时候就去世了，但我记得他的白发和他最喜欢哼的那些红歌。

想到这里，我的眼眶还是红了。岁月啊，一边带来新生命，一边苍老着人的容颜。

而我们，也步入了中年阶段。

三

2017年，我完成了两本书，《你要么出众，要么出局》和《刺》。为了《你要么出众，要么出局》，我跑了七十场签售会，几乎跑遍了全国的每个角落。那段时间，我一边跑签售会，一边更新微博上的专栏。每天还有大量的课，担心身体出问题，我抓紧所有的时间找宾馆附近的健身房，哪怕只是跑半小时，让身体出点儿汗。

好在这本书无论是销量还是口碑，都没让大家失望。

在知识付费的浪潮一波接着一波地涌来时，我依旧没有参与，而是一心一意地辅佐我的两位兄长尹延、石雷鹏做好自己手上的事。

考虫是我第一个全力参与的公司，现在这个公司已经从几个人的小公司变成了几百人的大公司。这一年，我们影响了更多的学生，用更低的价格分享教育资源，让一线教师的声音和知识传播到了更远的地方。

同时，对我们几个创始人来说，压力也是前所未有地大，好在我们都挺过来了。

我经常看到尹延十二点之后还在公司，对着 PPT 一页页地改，Allen 几乎是住在公司，石雷鹏老师也是早出晚归，而我也把家搬到了离公司不到三百米的地方。

尹延曾经在开会的时候说："我知道这些学生还有太多不行的地方，我现在想问，我们，对，我们，还能为他们做点儿什么。"

他说那句话时，黑眼圈印在眼睛下方，显得滑稽又令人心疼。

当老师的七年里，我最深刻的体会就是这些根深蒂固的价值观：充满爱，有责任，不喧哗，不作恶。

这简单的价值观，为我的写作生涯提供了坚硬的基石：不作恶，站着赚钱。

2017 年，《你只是看起来很努力》再版了。书的版权输出到了越南、韩国、日本、泰国……当这些国家的读者通过微博用蹩脚的中文或者英文跟我交流时，我经常会被感动到。对于青春，不分国籍，情感总能跨越国界，穿透到人心。

谢谢那些文字，能传递到世界的另一边。

我还会继续努力，写出更好的作品。

四

2017 年，我的文字里多了一个时常出现的名字：宋方金。

他是我兄长，也是我的老师，因为读书，我认识了他。这一年，他在电影和写作领域给了我很大的帮助。

我的这些年，总是在遇到贵人。

从刚进入教师行业时遇到的尹延、石雷鹏，到之后的日子认识的古典，然后到现在的好友宋方金。

宋方金是一个很敢讲真话的人，他攻击别人时，时常打得对方招架不住。这样的架势，总让人觉得他是铁板一块，但没人知道的是，他的心很柔软，而且总会被美丽的事物深深吸引。有时他正在生气，当听到喜欢的音乐时，他可以瞬间安静下来；当遇到了好的诗句，他立刻猛酌一口杯中的酒；当遇到好的酒，他又会使劲感叹着生活的美。

他是个十分真实的人，敢怒敢笑，他的态度，永远写在他的脸上。

去年，他的新剧《新围城》开机，我担任全记录主编。我没和他谈报酬，即使没有报酬我也要做，因为我永远会把他的事当作最重要的事去做。我会把朋友的事情放在首位。慢慢地，我也懂得了能用钱解决的事情都是小事，伟大的东西都和钱无关。

每次我和他喝酒，总会喝醉，有时候也会喝到热泪盈眶。他心疼我，知道我喝啤酒头痛，如果桌子上放着一杯茅台，他一定递给我茅台，自己喝啤酒。

我写《刺》的时候时常很痛苦，半夜和他在一起喝酒，他经常告诉我："弟弟，不要喝乱七八糟的酒，永远喝最好的酒，我们这种靠脑子活的人，千万不要把脑子喝坏了。"

直到今天，每次喝自己的茅台时，我都会想：的确，要做什么，都要做到极致，就算喝酒也一样。

五

我曾经在朋友圈里写过一段话："宋方金是这个时代的一束光，只有让他越来越亮，才能让更多人看到希望。"

他发出的声音具有唤醒的意义。他一开始痛骂小鲜肉、大IP、替身、假收视率，大家并没有重视，但他一直在呼喊。直到今年，影视圈的风气终于有了好转的迹象。

如果说今年我的最大改变，那就是我也逐渐开始有了意识，意识到自己作为一个写作者身上的社会责任。

如果一个写作者没有责任，只为了稿费和商业广告，那么，这样的文字是带着铜臭的。这样的文字，无疑也是不值钱的。

于是，我写完了第一部长篇小说《刺》。

我的朋友编剧于莉老师看完后，立刻打了个电话给我："看到最后，我的头皮都是发麻的，因为如果这一切是真的，那这个世界确实应该警觉了。"

我想，如果这部小说的畅销能够推动我们对校园暴力的重视，能让更多的孩子免于生活在恐惧中，也算是把那些光照到了暗处，温暖到所有角落。

果然，《刺》上市后，一直名列图书销售排行榜的前几名。

小的时候，我一直在被窝里想：我们每个人，活在这个世界上，都想为这个世界留下点儿什么，无论这辈子有多长。

现在，它正在实现。

六

在我结笔的时候，我正在回爷爷家的路上。

就在这几天，医生给爷爷下了病危通知书。

2008年，我读军校的第一年，奶奶去世，我没有见到奶奶最后一面。我忍着痛苦暗自发誓：不准这种情景重现了。

的确，这些年我一直在追求自由，直到今天，我做到了。

可是，父亲打电话来告诉我爷爷的近况时，我还是有些伤心。他今年九十六岁了，我们都以为，他这支蜡烛还会继续燃烧。

爷爷这一辈子参加过抗战，上过黄埔军校，从国民党投诚到共产党，经历过"文革"。直到今天，儿孙满堂，九十六高龄。我一直想把他的故事写成书，总想花时间采访他，但却总在无休止地忙碌，直到时光把忙碌变成了来不及。再次见到爷爷时，他已经听不到我的话了。

在我离开时，爷爷离开了。

没有遗憾，因为至少我见到了爷爷最后一面。父亲说，爷爷走前还在念叨我，说我很争气。

有生命到来，就会有生命离去。有时候，我们不得不承认，谁也控制不了自己的出生和死亡，好在，我们能决定怎么活。

所以，想爱什么人，就去爱吧。

想去什么地方，就赶紧去吧。

别等到物是人非，心灰意冷，才知道悔恨的重量可以压倒一切，何必呢。

这些年我总会感受到时光的流逝，感伤于身边人的走走停停。戴上耳机，旋律的厚重时不时会让我热泪盈眶，有时音乐刚起，眼眶就红了。

时光残忍，总能让人招架不住，但又无可奈何。纠结着时，岁月的疤痕就已经刻到了脸上。

今年很累，但很充实，明年，应该会更累更充实吧。

疲惫不疲倦，是这一年最好的结局。

希望以后，每年的年末，我都能跟自己说这句话。

也希望你们，能在年末，给自己写下同样的文字。

有时候为了别人，你也要好好的

一

　　我认识一个朋友几年，沟通从来都不顺，他永远活在自己的世界里，谁也进不去他的世界。直到有一天，我看到他背后有四个刺青大字：人间失格。意识到，这朋友是要寻死。

　　《人间失格》是太宰治的作品。太宰治的一生，除了写书，就是自杀，一生中五次自杀，死的时候才三十九岁。他在自杀的间隙中，完成了作品，自杀是主业，写作是附带品。他的作品和人生，影响了很多人，他把自己活成了行为艺术，把文字变成了永恒的经典。我在很小的时候，读过他的作品，但我一直不明白，活得好好的，为什么要死。直到我自己成为一个作家，才明白，身边许多文艺工作者都有过赴死的念头，尤其是在夜深人静的时候。人一思考，总会想到绝望和生死。但我写着写着，就发现还是活着好。

过着过着，就有东西割舍不下，这些割舍不下的东西，成了生命的意义。这些意义，给了自己活下去的勇气。对我来说，活下去的意义更简单：还有这么多好吃的，死了不就吃不上了吗？

这位朋友的一条朋友圈，验证了我的想法："有时候觉得人活得真没意义，我想，最终我也会像太宰治一样吧……"

几天后，我们几个作家朋友聚会，我还是直白地说了："我建议你，把背后的文身洗了。你不是找不到生命的意义吗？洗完你就知道了。"

他还反问我："真的？"

我说："假的。"说完我哈哈地笑了。

后来他还是洗了，又过了很久，我问他，找到生命的意义了吗？

他说："找到了，我得为我的女朋友活下去，她马上就从国外回来了。"

我笑了笑，没说话，因为我知道，等他女朋友回来后，他还会有新的意义，比如：要和她结婚，有个小宝宝。

但是他女朋友回国不久，就和他分手了。他痛苦了几天，又找了个女朋友，我相信他又找到了其他的意义。

我写这篇文章的时候，他已经结婚了。虽然还是活在自己的世界里（可能是一种习惯），但至少，没有整天半死不活的状态了，至少他说自己不再那么痛苦了。

我想，从他决定洗掉文身起，他就明白了属于自己的生命意义。

我想起了美国作家弗兰克尔的那本书，《活出生命的意义》：再极限的苦难，一旦找到了意义，痛苦就不再是痛苦了。

二

《活出生命的意义》一书里介绍了三种发现生命意义的方式：

第一，从事某项事业，取得成功；

第二，忍受不可避免的痛苦；

第三，去爱某个人，帮助他实现潜能。

我很同意第三个观点，分享一个故事：一次，我在上课，当打开了留言区才发现，那堂课的留言暴增。怎么两小时的课，像是来了几万人一样。于是我仔细看了看留言，才知道其实这一万条留言就是十几个同学刷的。

回想当日的课，那天大家听得很开心，我讲了不少段子，说了许多笑话，他们很配合，也很激动。

第二天，我上课时看了看留言区，还是他们在疯狂地刷屏。

我开了个玩笑说："你们可能不知道，这看似亿万大军的粉丝，其实只有几个人。这几个人中，有一位粉丝叫亿万，所以，我有亿万粉丝。"

就这样，他们自己组了个群，叫"亿万大军"。

这些孩子很可爱。每次逢年过节，就给我录个视频，说龙哥节日快乐，还动不动在群里集体发一些信息轰炸我出来，以至于我每次看手机，都被刷屏。这些孩子把自己的名字改成了各种各样跟我有关的爱称，"龙哥的秀发""龙哥的短腿""龙哥的油头"……

有段时间，我偷偷地用了个小号潜入群中，忽然发现，这些孩子每天起得很早，跟早读，学英语，分享读书笔记。有趣的是，他们都来自不同的地区，有些相隔十万八千里，却能通过社交网站形影不离。后来有个孩子告诉我，在认识这群人之前，自己早就不想活了，但现在，他每天都过得很充实。

我知道，一旦一个孩子有了目标，有了陪伴，有了爱的人，就拥有了生命的意义。

而且，爱和意义，都是相互的。

在我写完《刺》后，我的心情很糟糕。每天早上打开手机，无数的校园暴力、职场暴力的消息蜂拥而至，我明白了那句话："当你在凝视深渊的时候，深渊也在凝视你。"

那段日子，我睡不着觉，只能通过大量的酒精麻痹自己，时常变得负能量满满。

但有一天，收到了学生们的一个视频，他们把我曾经各地签售的视频汇总到了一起，在视频最后，他们写了一句话："谢谢你去了这么多地方，给了我们这么多力量，也希望你多多照顾好自己，我们爱你。"

看到那儿，我泪流满面。

我说，为了你们，我也要好好的，给你们带来更好的作品、更多的力量，你们认为的意义，也是我生命的意义。

三

当然，你可以说你又不是名人，不用影响那么多人，也没有那么多人影响你。可是，你是否想过，面对家庭、父母、朋友，你就是那个巨星，哪怕为了他们，也不能随意说自己的生命没有意义。

美国畅销书作家丹尼尔·克兰恩提出一个严肃的观点："说生命无意义，或者说意义不能由自我把握，多半是为自己的胡作非为找一个正当的理由。"

是啊，如果生命无意义，我当然可以胡作非为了，恶行当然也没什么了。

写到这里，我想起了一个妈妈。她生完孩子后，就得了严重的产后抑郁症，老公也跟她离婚了，她本想一死了之。但为了孩子，活了下来，于是，她每天记录孩子的生活和自己的感受，因为写得好，她成了知名的母婴博主。

她总不让我说她是谁，因为她不愿意让人知道那段她曾经想自杀的重度抑郁的时光。曾经我对她说："等你孩子长大了，肯定会很感谢你，感谢你活着。"

她说："我要感谢她，她给了我活下去的意义。"

我说："你千万别把生命的意义放在一个人身上，尤其是孩子，这样会毁掉她，也会毁掉你的。"

她说："放心吧，我这不还有写作嘛。"

我知道她走出来了，为她高兴，那些意义，还会伴随着她走得更远，更久。

有时候，就算为了最爱的人，也要有意义地活每一天，也要好好的，谁知道，你是否会照亮更多人呢。

图书在版编目（CIP）数据

你的努力，要配得上你的野心 / 李尚龙著. — 北京:
北京联合出版公司, 2018.9（2021.3重印）
ISBN 978-7-5596-2505-2

Ⅰ.①你… Ⅱ.①李… Ⅲ.①成功心理－通俗读物
Ⅳ.①B848.4-49

中国版本图书馆CIP数据核字(2018)第184833号

你的努力，要配得上你的野心

作　　者：李尚龙
责任编辑：龚　将　夏应鹏

北京联合出版公司出版
（北京市西城区德外大街83号楼9层　100088）
河北鹏润印刷有限公司印刷　新华书店经销
字数234千字　　880毫米×1230毫米　1/32　9.25印张
2018年9月第1版　2021年3月第5次印刷
ISBN 978-7-5596-2505-2
定价：45.00元
